漫画 趣味物理

跟着大师学物理

① 基础力学

［俄］雅科夫·伊西达洛维奇·别莱利曼 ◎ 著

朱若愚 ◎ 编译　蓝灯童画 ◎ 绘

文化发展出版社
Cultural Development Press

·北京·

图书在版编目（CIP）数据

跟着大师学物理 . 1，基础力学 /（俄罗斯）雅科夫·伊西达洛维奇·别莱利曼著；朱若愚编译；蓝灯童画绘 . — 北京 : 文化发展出版社，2023.12
ISBN 978-7-5142-4113-6

Ⅰ . ①跟… Ⅱ . ①雅… ②朱… ③蓝… Ⅲ . ①力学－普及读物 Ⅳ . ① O4-49

中国国家版本馆 CIP 数据核字（2023）第 203207 号

跟着大师学物理 ❶ 基础力学

著　　者：[俄]雅科夫·伊西达洛维奇·别莱利曼
编　　译：朱若愚
绘　　者：蓝灯童画

出 版 人：宋　娜		责任校对：岳智勇	
责任编辑：肖润征　杨嘉媛		装帧设计：言　诺	
特约编辑：胡展嘉		责任印制：杨　骏	

出版发行：文化发展出版社（北京市翠微路 2 号 邮编：100036）
网　　址：www.wenhuafazhan.com
经　　销：全国新华书店
印　　刷：河北炳烁印刷有限公司

开　　本：170mm×230mm　1/16
字　　数：313 千
印　　张：25
版　　次：2023 年 12 月第 1 版
印　　次：2023 年 12 月第 1 次印刷

定　　价：118.00 元（全 3 册）
ISBN：978-7-5142-4113-6

◆ 如有印装质量问题，请电话联系：010-68567015

目录

第一章 速率、速度及运动的构成

- 我们的移动速度有多快？ 2
- 与时间赛跑 6
- 千分之一秒 8
- 高速摄像机 12
- 什么时候我们绕太阳运动得更快些？ 14
- 车轮之谜 16
- 脑筋急转弯 18
- 帆船是从哪里启航的？ 20
- 本章科学小实验 23

第二章 重量与压强

- 试着站起来！ 26
- 走和跑 32
- 怎样从行驶的汽车上跳下来？ 36
- 抓到了一颗子弹 40
- 西瓜炸弹 42
- 哪里的东西更重？ 46
- 下落的物体有多重？ 50
- 从地球到月球 54
- 飞向月球：儒勒·凡尔纳 VS 真相 58
- 用不准的天平称出正确的重量 62
- 我们的力量有多大？ 66
- 深海怪兽 68
- 尖锐物体更易刺入 70
- 本章科学小实验 73

目录

第三章 大气阻力

子弹和空气 76
大贝尔塔 78
风筝为什么会飞起来？ 82
活的滑翔机 84
延迟的跳伞 86
回旋镖 88
本章科学小实验 91

第四章 转动和永动机

要怎么区分煮熟的鸡蛋和生鸡蛋？ 94
陀螺 96
墨水旋风 98
被欺骗的植物 100
永动机 102
故障 106
都是球在工作 110
一个奇迹，但又不完全是 114
更多永动机 118
彼得大帝也想收藏的永动机 120
本章科学小实验 125

参考答案 127

第一章

速率、速度及运动的构成

我们的移动速度有多快？

一名优秀的运动员能在 3 分 50 秒内跑 1500 米，而一个普通人 1 秒能走 1.5 米。如果将运动员的速度做个简单的换算，我们会发现这名运动员每秒能跑 7 米左右。

图 1 普通人走路与运动员跑步速度对比

这两个速度并不完全具有可比性，为什么呢？

散步的时候，你会发现你能走上好几个小时，但是运动员跑步只能在短时间内保持高速。步兵在快速行军的时候，他们的速度大概只有运动员的 $\frac{1}{3}$，也就是**每秒 2 米**左右，但他们能保持这个速度走很长时间。

如果将我们的步行速度与以慢著称的蜗牛或者乌龟相比的话，你会发现结果很有趣。

蜗牛每秒只能移动 1.5 毫米，也就是一小时能移动 5.4 米，比我们慢一千倍。至于乌龟，也快不了多少，一小时通常能爬 70 米。

与蜗牛或乌龟相比我们快速不少，我们甚至能轻松超越平原上的溪流，与微风一争高下。

5.4 米/小时

70 米/小时

图 2 蜗牛与乌龟移动速度对比

下面是一些非常有意思的速度对比。相信你会感兴趣。

18 千米/小时

20 千米/小时

如果你想与苍蝇竞争——它每秒能飞行 5 米，那你只能选择滑雪才能胜出。

图 3 滑雪者滑雪速度与苍蝇飞行速度对比

想追上老鹰的话，坐在飞机上，才可以。哪怕你骑在马背上也无法跑赢野兔或者猎狗。

800 千米/小时

30 千米/小时

86 千米/小时

65 千米/小时

90 千米/小时

图 4 其他一些常见的速度

虽然人的移动速度比不上很多动物，但是我们却发明了很多速度很快的交通工具。

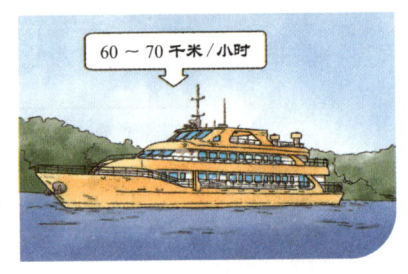

约300千米/小时
约200千米/小时
约800千米/小时
60～70千米/小时

图5 飞机、高铁、客轮、跑车

①音障：当飞机的速度达到音速时，飞机前面的空气会被层层挤压，在这种条件下，空气中的水蒸气会凝结成水滴，看起来就像一团云一样。

图6 战斗机突破音障

之前飞机工程师们试图克服"**音障**"①，来达到超过音速（空气中声音每秒传播的距离约340米*，也就是每小时1224千米左右）的速度。如今我们已经实现了这个目标，有些小型超音速飞机每小时能飞行2000千米。

一些人造飞行器还能达到更快的速度，人造地球卫星运行的速度约为**8千米/秒**。火箭飞离地面的初始速度更是超过了"逃逸速度"——**11.2千米/秒**。

拓展延伸

三大宇宙速度

1. 第一宇宙速度，也叫最大环绕速度，约 7.9 千米/秒，指物体能在地球表面附近做匀速圆周运动的速度。

2. 第二宇宙速度，也叫逃逸速度，约 11.2 千米/秒，指物体能够脱离地球引力的速度。

3. 第三宇宙速度，约 16.7 千米/秒，超过这个速度，物体便能脱离太阳系的引力场，离开太阳系。

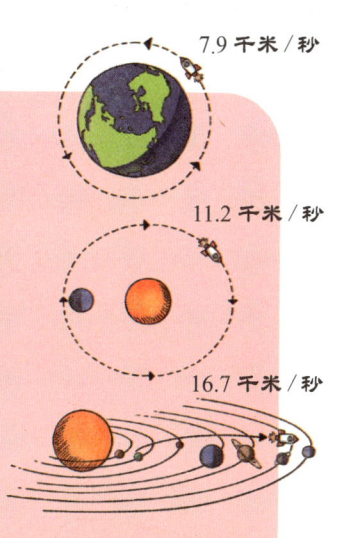

图 7 三大宇宙速度示意图

提问

我国的天宫空间站平均运行速度为 7.68 千米/秒，你知道为什么空间站的运行速度会小于第一宇宙速度（环绕速度）吗？

提示：关键在于空间站运行的轨道高度。

图 8 天宫空间站

与时间赛跑

一个人早上 8 点从符拉迪沃斯托克（海参崴）坐飞机飞往莫斯科，能否在当天的同一时间，也就是早上 8 点到达莫斯科呢？

我不是在说胡话，我们能够做到这一点，关键在于符拉迪沃斯托克与莫斯科之间有 **9 个小时的时差**。如果我们的飞机能在 9 个小时内飞过这两个城市之间的距离，那么飞机能在起飞的同一时间到达莫斯科。如果这个距离是 9000 千米，我们的飞行速度就必须达到 9000÷9=1000 千米/小时，在现在的技术条件下并不难实现。

那坐飞机能"追上太阳"吗？

飞机速度与地球自转速度相等，方向和地球自转方向相反，这样飞机总在空中同一位置，飞机不能离开地球大气层。

图 9 从飞机里看到窗外静止不动的太阳

在高纬度地带的北纬 77 度上，飞机**自东向西飞行的速度只需达到每小时 450 千米**，在地球自转的作用下，飞机便能与太阳保持**相对静止***的状态。这时你坐在飞机上，你就会发现窗外的太阳是静止不动的。

要想"追上月亮"就简单多了。月球绕地球一周的时间是地球自转一周的 29 倍。注意这里我们对比的是角速度而非线速度。所以，一艘每小时行驶 25～30 千米的轮船，在中纬度上就可以"追上月亮"。

马克·吐温在他的《傻子出国记》中提到：从纽约航行到亚速尔群岛，在太平洋上航行时，每个夜晚，我们总能看到月亮挂在天空中的同一个位置。这一奇特的现象是因为我们在经度上以每小时跨越 20 分左右的速度向东行驶，这一速度正好是月球和地球同步[①]的速度。

图 10 在航船上看到天空中静止不动的月亮

①即相对静止。

提问

北京比伦敦要早 8 小时，某航班从北京飞往伦敦需要 14 小时，如果你希望到达伦敦的当地时间是早上 11 点，那么飞机应该几点从北京起飞？

图 11 北京、伦敦时差

千分之一秒

对于我们人类的时间观念来说，千分之一秒恐怕难以感知。

在过去，人类用太阳的位置或者影子的长度来推断时间，他们完全不会考虑一分钟或者两分钟的差别。

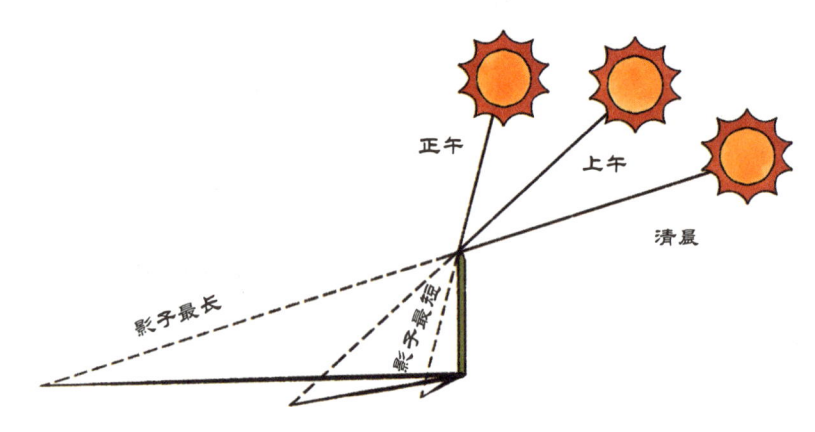

图 12 根据影子长度推断时间

古时候的人们过的是不紧不慢的生活，因此也不需要测量非常精细的时间。那时候的钟表，也就是日晷、沙漏，都没有测量分钟的部分。第一根分针出现在 **18 世纪初**，而第一根秒针出现在 **19 世纪初**。

图 13 日晷 　　　　图 14 沙漏

说回千分之一秒，你觉得在这么短的时间内能发生什么呢？其实答案有很多！比如火车能在这段时间内行驶约 3 厘米，声音能传播 34 厘米，飞机能飞行约 0.5 米，在公转轨道上地球能行进约 30 米，光则能传播约 **300 千米**。

我们周围的昆虫如果能思考的话，并不会认为千分之一秒是微不足道的时间。蚊子在 1 秒钟之内可以挥动翅膀 500～600 **次**[①]，也就是说，在千分之一秒的时间里，它可以至少抬起或放下翅膀一次。

我们无法做到像昆虫那么快速地挥舞我们的四肢，我们能做到**最快的动作**是眨眼。眨眼的整个过程是如此迅速以至于我们都察觉不到视线中短暂的模糊。但是用**千分之一**秒来衡量这个过程，你会发现眨眼其实是很耗时的。

① 翅膀振动1次指翅膀抬起和放下各1次。

根据精确测量的结果，我们平均需要 400 个千分之一秒来完成一次眨眼，其中 75～90 个千分之一秒用来放下眼皮，130～170 个千分之一秒的时间里眼皮会稍做休息，然后剩下的 170 个千分之一秒会用来抬起眼皮。

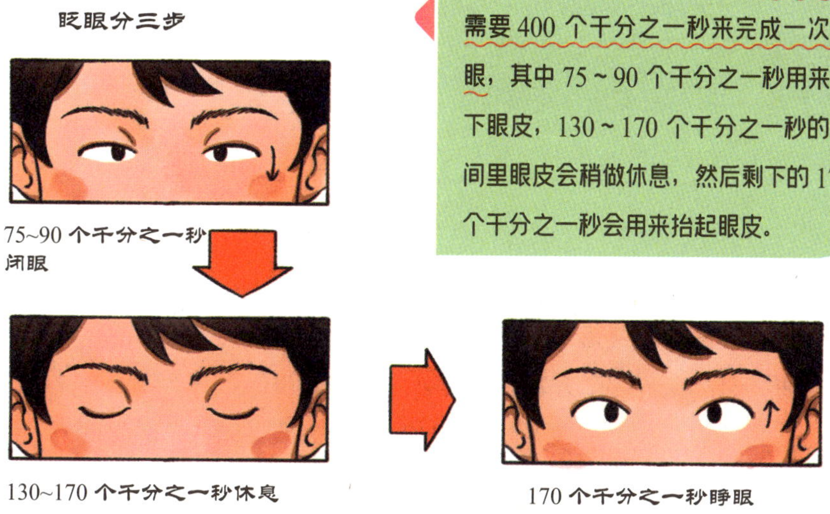

眨眼分三步

75~90 个千分之一秒
闭眼

130~170 个千分之一秒休息

170 个千分之一秒睁眼

图 15 眨眼示意图

所以你看，这"一眨眼的工夫"其实是一段相当长的时间，在这个过程中眼皮甚至能稍作休息。

如果我们能拍下千分之一秒的变化，那这种能力将完全改变我们日常看到的景象，甚至还能看到赫伯特·乔治·威尔斯在他的科幻小说《时间机器》中描述的场景。

故事讲述一个男人因为喝下了奇怪的混合物而使得他眼中的世界从动态的图像变为**一系列静止的画面**。以下为节选：

"你以前见过窗帘像现在这样挂在窗户前吗？"

我顺着他的视线看过去，之前被微风吹起拍打着的窗帘，有一端像被冻住了似的高高挂起。

"不，"我说，"这很奇怪。"

"看这儿！"说着他便松开了握着玻璃杯的手。我下意识地闭上了眼，想到玻璃杯会摔个粉碎。但发现它不仅没有摔碎，似乎都没有动一下，它悬在半空中僵住了。"按照粗略的估计，"吉伯恩说，"自由下落的物体在第 1 秒会下落 5 米*，这只玻璃杯现在正处于 1 秒内下落 5 米的过程中。不过，到现在还没过去百分之一秒的时间。"

注意：在物体下落的第 1 个百分之一秒中，物体下落的不是一秒距离的百分之一，而是万分之一。根据公式 $h=\frac{1}{2}gt^2$ ②* 可知，其中 h 表示下落的距离，g 表示重力加速度，t 表示时间，百分之一秒内下落的距离只有 0.5 毫米，在千分之一秒内只有 0.005 毫米。

② g 的大小一般取 10 m/s²。

"这能让你对我的加速剂的效果有一些了解。"然后他的手绕着逐渐下沉的玻璃杯一圈又一圈地挥舞着。

最后，他托住玻璃杯的底部，然后非常小心地将其放在了桌子上。

我看向窗外。一个骑自行车的人正在追赶一辆四轮马车，自行车僵在那儿，马车也一动不动，自行车后面扬起同样"**凝固**"的尘土。

我们走到马路上，在那里我们对雕像似的过往车辆做了仔细的检查。车辆轮子的顶部、拉车的马的几条腿、鞭子的末端、售票员打哈欠的下巴，这些虽然很慢，但确实在动，而笨重的马车的其余部分似乎都是静止的。除了有一个人发出了微弱的"嘎嘎"声之外，周围一片寂静。在这冻结的组合中有一名司机、一位售票员和十一位乘客……

图 16 一动不动的马车　　图 17 僵住的试图折起报纸的绅士

一位冻得脸色发紫的绅士迎着风试图将报纸折起来，但就我们的感官而言根本没有风在吹。

自从这混合物在我的血管中开始发挥作用以来，我说出的话、思考的事物、做过的事，对周围的人和整个世界来说，都发生在转眼之间……

你知道科学家们至今能测量的最短的时间跨度是多少吗？在 20 世纪初，它还只是万分之一秒，而今天物理学家可以测量到 10^{-21} 秒，这个时间跨度与 1 秒之间的比值，相当于拿 1 秒钟与 **100000 亿个亿年** 相比，实在是太小了！

提问

物体自由下落，开始计时，在十分之一秒内下落的距离是多少？

高速摄像机

当赫伯特·乔治·威尔斯在写他的故事时，他只能靠想象来描述书中的景象。但他最后还是看到了他脑海中的画面，这还多亏了高速摄像机。一般的摄像机每秒能拍下 24 张照片，而高速摄像机能拍下比这多得多的照片。如果以每秒 24 张的速度播放高速摄像机拍摄的画面，你会发现照片中人物的动作会慢很多，比如跳高运动员的动作会变得十分缓慢，能看清其中的细节。而更精密的高速摄像机甚至能还原威尔斯笔下的幻想世界。

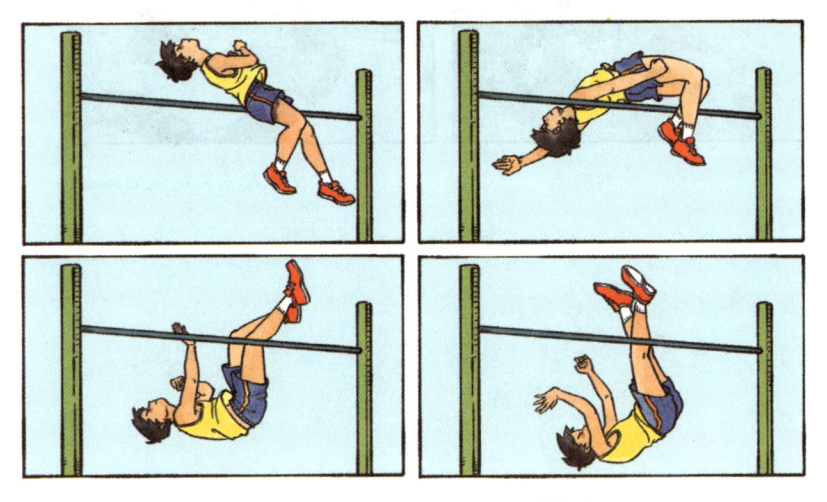

图 18 跳高运动员跳高慢动作帧率图

拓展延伸

高速摄像

现在我们日常使用的手机普遍就配备有慢动作摄像（高速摄像）功能。你可以尝试用手机的慢速摄像功能去拍摄一些东西来体会小说中所说的场景。一般手机能达到的帧率是 120 fps，也就是每秒能拍下 120 个图像，相当于一个图像是 10 毫秒（1 秒 ÷120≈0.01 秒 =10 毫秒）时长的画面。

现在的高速摄像机能达到帧率 256 万亿 fps，也就是每秒能拍 256000000000000 张照片，它可以帮助我们观察到分子的衰变①*，甚至是光的传播。

①放射性元素放射出粒子而转变为另一元素的过程，例如镭放出 α 粒子变成氡。

图 19 高速摄像机模型

提问

如果是 240 fps 帧率的手机，1 秒能拍多少个图像？一个图像是多少毫秒的画面？

图 20 手机拍照

什么时候我们绕太阳运动得更快些？

巴黎的报纸上曾刊登了这样一则旅游广告：

为您提供一次便宜且有趣的旅行，只需付 25 **生丁**①。

①法国辅币，100生丁等于1法郎。

有些人轻信了这则广告，并向发布者邮寄了费用，然后每个人收到了一封信，其中写道：

"先生，请在床上稍作休息，记住地球在转动。在北纬49度上，也就是巴黎所在的位置，您每天会随着地球自转移动 **25000 千米**。如果您想拥有更好的景色，请拉开窗帘来欣赏星光闪耀的夜空。"

发出这封信件的人因犯欺诈罪被逮捕并受审，最后还缴纳了罚款。判决结束后，这个罪魁祸首摆出了一个充满戏剧性的姿势的同时，郑重其事地说："事实本就如此。"

在某种程度上他是对的，地球上的每一个居民不仅会随着地球自转"旅行"，还会随着地球围绕太阳转动。我们的地球带着生活在它上面的万物每1秒在宇宙空间移动 **30 千米**，同时绕着地轴自转。

那么问题来了：我们什么时候绕太阳运动会更快呢？是白天还是晚上？

在太阳系中，地球同时做两种运动，在绕着太阳旋转的同时还在自转。为解答上述问题，我们需要计算这两种运动的合速度*。

是不是感觉有些困惑，说到底，地球永远有一半处于白天，另一半则是夜晚。这两种运动叠加的结果有时并不相同，具体取决于你的位置是白天还是夜晚。

午夜，我们的移动速度为公转速度加上自转速度；正午，我们的移动速度为公转速度减去自转速度。在赤道上，我们因地球自转每秒大概能移动 500 米，所以午夜和正午的速度差达到每秒 1000 米。

因此，<mark>在夜晚我们运动的速度要比在白天更快</mark>*。

地球上昼夜区域的划分，取决于地球的自转。地球<mark>自转一周为一昼夜</mark>，谓之"太阳日"。

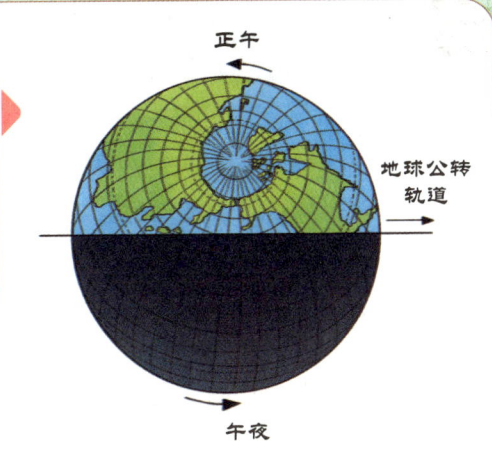

图 21 午夜时，我们的移动速度更大

当地球自转时，面向太阳的面为"昼"，背向太阳的面则为"夜"，昼夜的形成由此可得。春分以后，日照北半球渐多，因此北半球夜短昼长，南半球则相反；秋分以后，日照南半球渐多，北半球昼短夜长，南半球则相反。

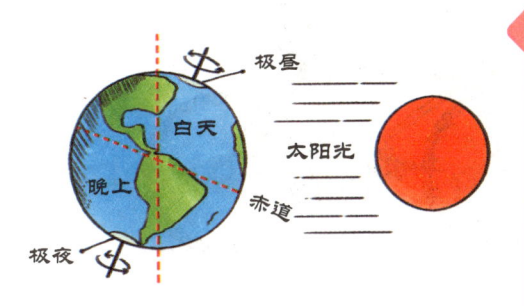

图 22 地球昼夜区分

极昼和极夜是极圈内特有的自然现象。发生在北极圈以北和南极圈以南的地区。极昼就是太阳总不落，天空总是亮的；极夜与极昼相反，太阳总不出来，天空总是黑的*。

提问

当地球靠近太阳时北半球是冬天，也就是北半球上的温度更低，而远离太阳时北半球是夏天，气温更高，这是为什么呢？

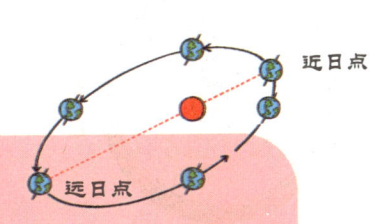

图 23 地球的运行轨道

15

车轮之谜

如果在马车或自行车车轮边上贴一根彩条，再仔细观察的话，你会发现靠近地面时的彩条看起来比较清晰，而滚到车轮顶部的彩条一闪而过，根本看不清。

难道是车轮的顶部移动得比底部快？如果你再观察车轮辐条也会观察到一样的现象。

上面的辐条似乎合并成一个整体，而下面的辐条却根根分明。

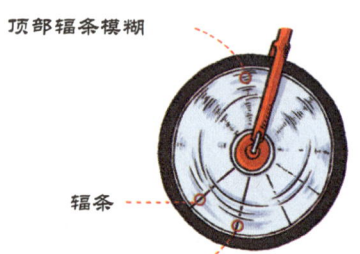

顶部辐条模糊

辐条

底部辐条清晰

图 24 车轮运动时辐条的状态

尽管听起来有些令人难以相信，在车轮上的每一个点同时在做两种运动：一种是随着车轮轴向前的**平移运动***，另一种是**绕着车轮轴的旋转**。

轮顶旋转的方向与车子移动方向相同，因此轮顶的速度是车子平移速度与旋转速度之和。轮底旋转的方向与车身的运动方向相反，因此轮底的速度是车子平移速度与车轮旋转速度之差。

图 25 车子向前运动，车轮上下两处速度方向不同

我们可以做一个小实验来证明这一点。找一辆自行车，再找一根木棍，如图 26 所示将木棍垂直插在轮子旁边，在车轮的最高点和最低点都做上记号。

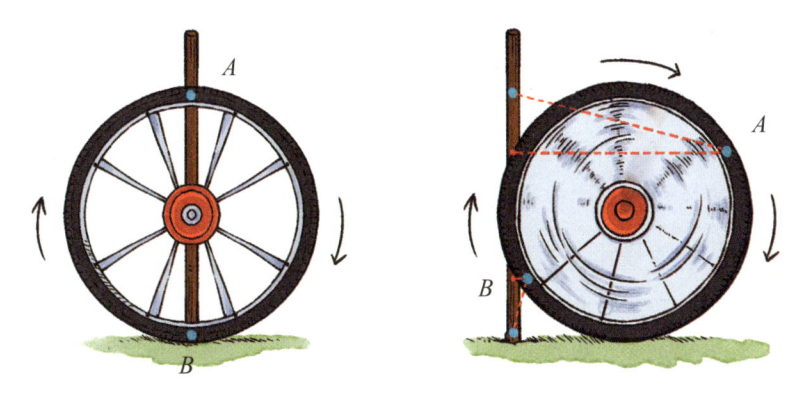

图 26 自行车木棍实验示意图

(1) 刚开始木棍恰好竖直地穿过车轮的轴心；
(2) 缓缓滚动车轮，轮子转动不超过半圈。

将车子向前推 20～30 厘米。现在分别来比较一下 A 点和 B 点的位置到木棍的水平距离是多少，你就会发现 A 点比 B 点向前移动了更多距离，而 B 点移动距离较小。

在相同时间里，移动距离多的点，说明它的速度更大，即证明了轮顶速度大于轮底。

提问

为什么自行车车轮在滚动时，车轮顶部和底部的辐条的清晰度看起来会有所差异？

17

脑筋急转弯

有一个棘手的问题——从圣彼得堡开往莫斯科的火车上会不会有相对于铁轨朝**相反方向**移动的点呢？我们发现确实有，在每一刻的每一个火车轮子上都会有这样的点。它们位于<mark>车轮凸出边缘的底部</mark>，当火车向前行进时，这些点是向后移动的。

接下来介绍的实验将向你证实这一点，你自己也可以试试。如图 27 所示，准备一根火柴和一枚硬币，火柴的尾端在硬币的圆心上。将硬币和火柴一起垂直放置在尺子的边缘，用橡皮泥将硬币与火柴的接触点 C 固定。

然后来回滚动硬币，你就会看到火柴突出部分的 F、E 和 D 点不是顺着滚动方向向前，反而是向后移动的。距离硬币边缘最远的 D 点，向后移动的趋势是**最明显的**（D 点移动到了 D' 点）。

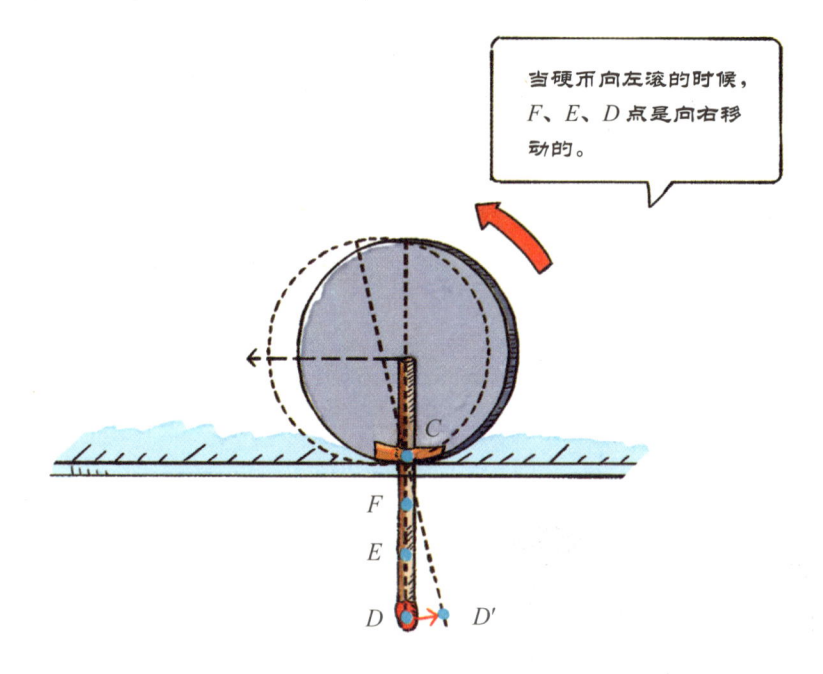

当硬币向左滚的时候，F、E、D 点是向右移动的。

图 27 硬币向左滚动示意图

值得注意的是，火柴的长度要比这个圆形物体的直径长得多。

火车轮子边缘上的点的运动类似，所以我现在告诉你火车上有些点不是向前而是向后移动的，你应该也不会再感到惊讶了，虽然说这种向后的运动只能持续不到 **1 秒**。

尽管我们会先入为主地认为所有点都是向前移动的，但在向前行驶的火车上确实存在向后运动的点。从图 28 中，我们可以清楚地看到这一现象。

> 普通车轮轮底一直向前运动，而火车车轮轮底不是一直向前的。

行驶中车轮边缘底部的运动轨迹。

单个火车车轮凸出边缘底部的运动轨迹。

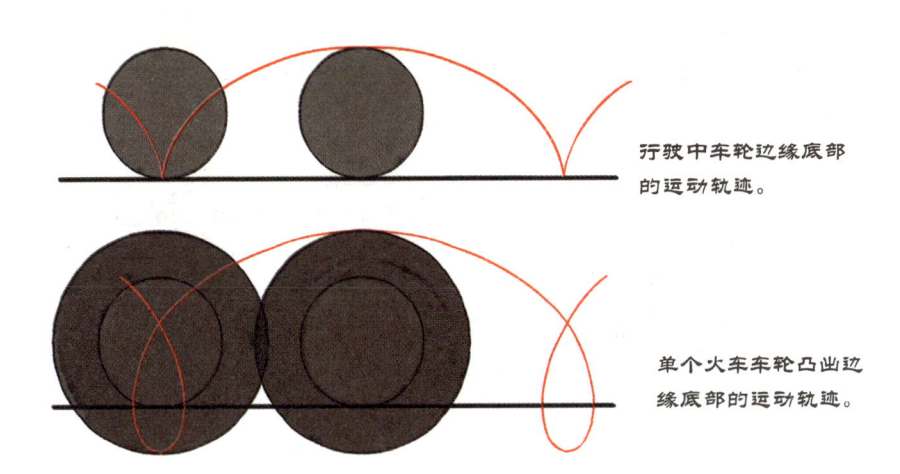

图 28 普通车轮和火车轮边缘底部轨迹图

提问

为什么图 27 中，距离硬币边缘最远的 D 点向后移动的趋势是最明显的？

帆船是从哪里启航的？

一艘划艇正在从湖中穿过，如图 29 所示，箭头 a 是它的速度**矢量**①*。此时正有一艘帆船穿过，箭头 b 是它的速度矢量。

这艘帆船是从哪里启航的呢？你可能会自然而然地指向 M 点，但划艇上的乘客会有不同的回答，这是为什么？

① 矢量是指既具有大小又有方向的物理量。

图 29 帆船的航向与划艇运动方向垂直

划艇上的人是看不到帆船垂直于岸边行驶过来的。因为他们意识不到自己也在移动，他们会觉得自己在划艇上是**静止**的，而周围的其他东西是以和划艇一样的速度**反方向**运动。

这其实跟你坐在行驶的车里的感觉是一样的，如果你选车或者车中的物品为参考标准，你会感觉自己是静止的；而如果你选择窗外的树为参考标准的话，你会发觉自己又在运动。归根结底，这都是选定的视角问题，其实也说明了一个哲学问题——"静止是相对的，运动是绝对的"*。

拓展延伸 1

平行四边形法则*

两个矢量的起始点放在一起，以两个矢量为邻边作一个平行四边形，两条邻边中间的对角线就是 A、B 矢量的和。

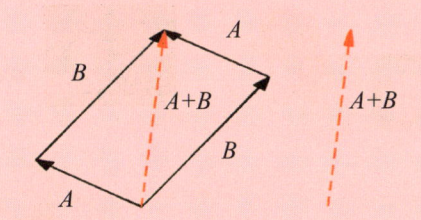

图 30 根据平行四边形法则求矢量 A、B 的和

所以在划艇上的人看来，根据平行四边形法则可知，帆船是沿着下图中的平行四边形的对角线方向移动的。因此他们会认为帆船不是从 M 点驶出，而是从 N 点驶出的。

图 31 划艇上的人认为帆船是斜着朝自己开过来的

这就是运动的相对论，对于不同视角下的同一运动，会得到不同结论。

随着地球的运动，我们也会错误地标注星星的位置。就像划艇上的乘客一样。我们看到的星星是沿着地球公转的轨道向相反的方向移动。当然和光速比起来地球公转速度可以忽略不计（小了一万倍）。就结果来说，这种恒星的位移是很微小的，但是我们可以借助天文工具来探测这个现象。

拓展延伸 2

恒星视差

由于地球公转而观察到恒星相对于遥远的天体移动到不同位置的现象。如图 32 所示，半年前在地球拍摄某恒星的照片与现在拍摄的有所不同，容易误认为恒星的位置有所变化（宇宙中的恒星虽然都在运动，但是由于彼此之间距离十分遥远，短期内认为它们是固定不动的）。现代天文学利用这种现象能准确地测出该恒星到地球的距离。

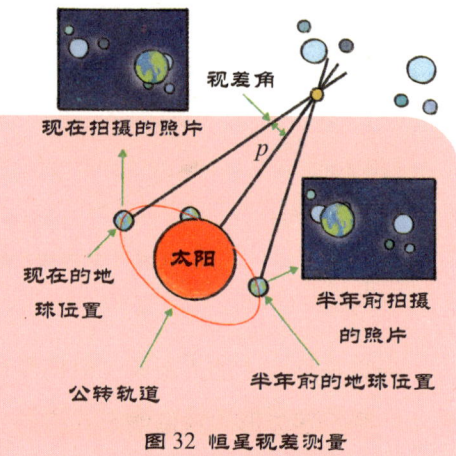

图 32 恒星视差测量示意图

提问

那么帆船上的人看划艇是朝哪个方向行驶的呢？

图 33 帆船上的人看划艇是怎么运动的？

本章科学小实验

比一比，谁的反应更快

人从发现情况到采取相应行动经过的时间，叫反应时间*。当然了，反应时间越短，证明你的反应越快。下面我们就来比一比谁的反应更快吧。

【实验道具】

长直尺（能测 20~30 厘米）

图34 情景示意

【操作步骤】

（1）一个人用手握住直尺顶端；

（2）另一个人用一只手在直尺下部（0刻度高度处）做好握住直尺的准备，但手的任何部位都不要碰到尺子，下落中途也不得擦碰到，否则本次无效；

（3）当看到直尺开始下落时，测试的人立即捏住直尺；

（4）测出直尺降落的高度 h，即手捏住的刻度值，值越小，反应就越快。

【科学原理】

人的反应时间，就是尺子下落的时间，从公式 $h=\frac{1}{2}gt^2$ 可以看出，下落高度越小，反应时间越短，也就是人反应越快。我们将尺子下落的高度代入公式，也可以求得具体的反应时间，自己动手试试吧。

反重力上升的圆环

一个看似普通的戒指,却可以"反重力",从低处爬到高处!

图35 圆环运动状态

【实验道具】

橡皮筋、小圆环(戒指)

【操作步骤】

(1)将橡皮筋截断,穿入圆环;

(2)左手捏住橡皮筋一端,右手捏住橡皮筋的三分之一处,拉紧橡皮筋;

(3)右手降低,圆环会靠近右手;

(4)手慢慢松开橡皮筋,圆环会慢慢"爬上去"。

【科学原理】

在本实验中,我们拉长橡皮筋然后慢慢松开,由于弹性橡皮筋向上收缩恢复原状,圆环与皮筋之间有静摩擦力*,会随着皮筋一起上升。

表演时,我们用手遮挡住逐渐变短的皮筋,从视觉看上去好像是圆环在自己上升。

第二章

重量与压强

试着站起来！

如果我说你不能从凳子上站起来，你会觉得我在开玩笑，哪怕你没被绑在凳子上。现在请按照我说的来试一试。

找一个凳子坐下，坐直了，不要把脚伸到凳子底下。然后试着站起来，注意双脚保持不动，身子也不能向前倾。

身子不能前倾

双脚保持不动

图 36 站不起来

坐在凳子上的这个姿势你站不起来！

看吧，你站不起来。除非你**挪动双脚**或者**把身子往前倾**。

在我解释这个现象之前，你要先知道物体的**平衡机制**，尤其是人体。以物体的**重心***为起点画一条垂直于水平面的直线。

站立　　身体中心线　　走路

重心

支撑面

图 37 站立和走路

要想物体保持平衡，那么这条重心的垂直线就不能超出物体底面的范围*。

重心的垂直线

图 38 立不稳

圆柱体的重心垂直线超出了自身底面范围。

但是如果圆柱体的底面足够大，从它的重心引垂直线，垂直线能够通过底面，那么这个圆柱体就能够保持平衡，不倒下，如图 39 所示的圆柱体。

重心的垂直线

图 39 立得住

圆柱体的重心垂直线没有超出自身底面范围。

意大利托斯卡纳著名的比萨斜塔就是不会倒的，尽管它是歪的。因为它重心的垂直线没有超出底面。次要原因就是它的基石被埋在地下。

我扶一下不过分吧！

重心的垂直线

图40 比萨斜塔

所以当你一只脚站立或者踩在钢丝上的时候会很难保持平衡。因为这时我们的底面——也就是脚掌接触底面的面积很小，只有一截绳子那么大的面积，稍微不注意的话重心的垂直线就会超出这个范围。

快点过！我快坚持不住了！

重心的垂直线　　脚掌接触底面的面积很小

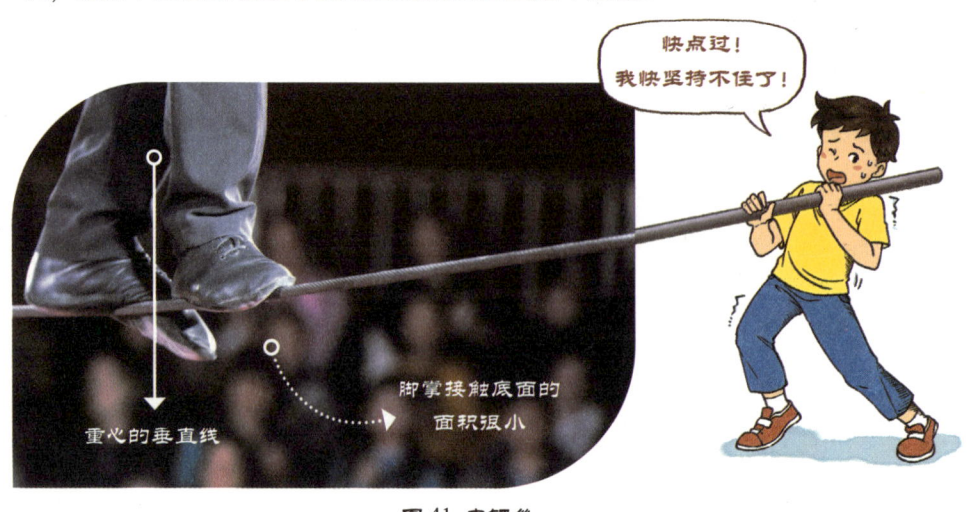

图41 走钢丝

你有注意过老水手们奇怪的步态吗？他们大部分时间都待在摇晃的船上，所以他们会更习惯于在甲板上 <mark>双脚尽量分开地走</mark>。这样可以尽可能地增加他们双脚所覆盖的面积而不至于使他们摔倒。久而久之，在坚实的地面上他们也会保持这个习惯，像鸭子一样摇摆地走。

我听到有人说我走路的样子很飒！

双脚尽量分开

重心的垂直线

图 42 水手双脚分得很开

重心的垂直线

图 43 头顶罐子的女人

举一个性质相反的例子，试图保持平衡的努力也能塑造优美的姿态。你或许也看过一些地方的女人头上顶着罐子走路，有种别样的美感。

当她们将罐子放到头顶时，她们不得不将身体挺得笔直。可由于<mark>头顶增加的重量会把整体的重心抬高</mark>*，一旦稍微向哪个方向歪了点，很快就会让她们失衡。

重心太高，容易歪

闪开！都闪开！

重心的垂直线

图 44 重心前倾

29

现在回到我最开始提出的那个试着从凳子上站起来的问题。

坐着的男孩的**重心**是在他的脊椎附近，大概在他的肚脐上方 20 厘米左右的位置。从这个点做一条垂直于地面的直线，这条线会穿过板凳落在男孩脚后跟后面的位置。

坐在椅子上站不起来的原因

身子不能前倾

图 45 这个姿势站不起来

图 46 人站立时，重心的垂直线需要穿过的面积

所以现在你知道了，一个人要想站起来的话，这条线需要穿过他双脚所包围的底面面积*。

身子前倾

也就是说，我们想要站起来的话就得将**身子往前倾**，这样使得穿过重心的垂直线往前移，这样才能让我们重心的垂直线穿过我们的双脚所包围的区域。

图 47 要想站起来身子得往前倾

将脚挪到凳子下面，也可以站起来。

如果不这样做的话就站不起来——这会儿我猜你已经试过了。除了刚才介绍的两种方法能让你从凳子上站起来，你还有什么其他方法？不妨自己试一试！

图 48 要想站起来脚得伸到板凳下

拓展延伸

重心

一个物体的几何属性，物体重量分布的中心点。比如说将物体斜抛到空中时，仅在重力的作用下，它的重心的运动轨迹必定是条抛物线，而物体上其他点的运动轨迹则不一定是。

图 49 重心运动轨迹

提问

假设甜甜圈的质量是分布均匀的，请判断一下甜甜圈的重心在哪儿？

走和跑

你对于日复一日，重复做了成百上千次的事情应该是非常熟悉的，不是吗？但事实并非如此。就拿走路和跑步来说，你还会有比这更熟悉的事情吗？但我怀疑你们当中有多少人对走路和跑步的完整过程有一个清晰的了解，或者能说出两者之间的区别。先让我们来看看生理学家关于走路和跑步是怎么说的，我敢肯定你们大多数人会大吃一惊。

图50 行走时的姿势示意图

假设一个人正在单腿站立，比如说右腿。那么下一步他就会抬起他的右脚后跟，同时身体向前倾。

当一个人在走路或跑步时，他需要将他的脚推离地面，就需要向地面施力。这个力的大小约等于20千克的重量。因此一个人在移动时会比站立时向地面施加更大的压力*。

当做出上述姿势时，人的重心的垂直线会落到双脚接触面之外，他必然会**向前倒**。而几乎就在倒下之前，他迅速地向前伸出之前一直**悬着**的左腿，将其放在**重心垂直线前方**的位置上。这时重心的垂直线自然而然穿过双脚与地的接触面，身体得以回到平衡的状态，这个人也向前走出了一步。

他也许会保持在这个相当累人的姿势，但如果想继续向前走，他会进一步向前倾斜，垂直线又会落到底面之外，再一次在即将跌倒之前，将腿向前伸出去，不过这次换成了右腿，他又向前迈了一步，然后一遍又一遍地循环这几个动作。所以从结果来看，行走只是一系列准备向前跌倒，然后将悬着的腿往前伸到支撑点的位置来及时阻止跌倒这样的循环动作而已*。

A 代表左脚，B 代表右脚，直线部分代表脚踩在地面，曲线则是脚在空中划出的轨迹

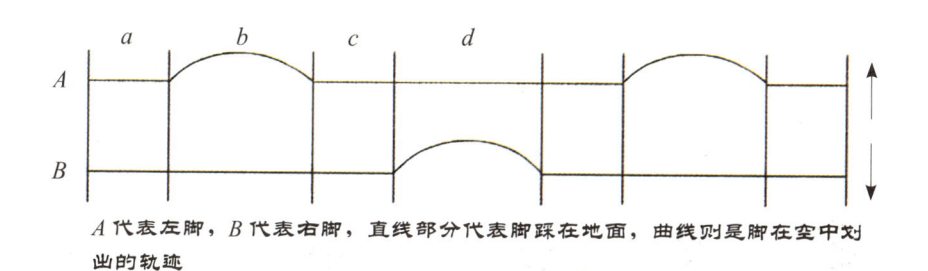

图51 步行时双脚运动轨迹示意图

过程分析：

时段 a，两只脚都站在地面上，但此时左脚脚后跟抬起；时段 b，左脚抬起，右脚留地；时段 c，两只脚都站在地面上，此时右脚脚后跟抬起；时段 d，左脚留地，右脚抬起。

我们来探究下走路问题的核心，假设第一步已经迈了出去，此时右脚还放在地上，左脚也已经接触到地面了。如果这一步不是很短的话，那这时应该抬起**右脚后跟**，因为正是这个抬起脚后跟的动作让人能够向前倾，以此来改变平衡状态。现在是左脚的脚后跟放在地面上。然后整个<mark>左脚着地时</mark>，右脚就被完全的抬起，不再接触地面。这时的左腿是膝盖微弯的状态，然后会因为股三头肌的收缩而**瞬间绷直**。这帮助了半弯曲的右腿在不接触地面的情况下往前伸，为了下一步作准备。随着身体的再次前倾，右脚后跟会及时地伸到前面接触地面，此时的左腿只有脚尖着地并且正准备抬起来，接着再完成一系列类似的动作。

跑步与行走的不同之处在于，<u>踩在地面上的那条腿的肌肉会迅速地收缩使其被使劲拉直</u>，这可以使身体在很短的时间内完全离开地面。而身体仍在空中时另一条腿会快速向前转移，这样身体落到地面时才能被这条腿支撑住。

图 52 人体跑步时的姿势示意图

因此可以说跑步就是由<u>一系列单脚跳</u>组成的。

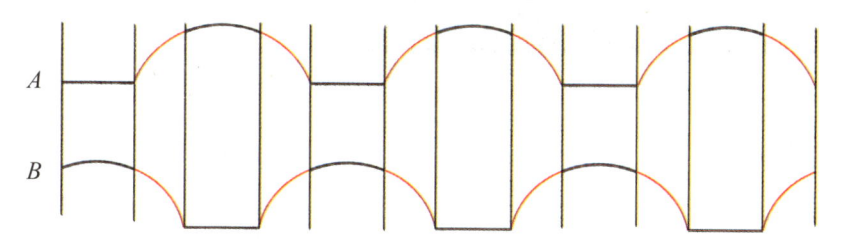

A 代表左脚，B 代表右脚，直线部分代表脚踩在地面，曲线则是脚在空中划出的轨迹

图 53 跑步时双脚运动轨迹示意图

某段时间内，双腿都离地在空中，这是跑步和行走不一样的地方。

一个人行走在水平路面上所消耗的能量，并不像人们想象的那样近乎为零。每迈出一步，人身体的重心就会被**抬高几厘米**。研究表明，一个人沿着水平道路行走所消耗的能量大约是将身体提高相同距离所需能量的 $\frac{1}{15}$。

图 54 走路时重心升高

提问

跑步 5 千米和走路 5 千米消耗的能量一样吗？两者运动方式各有什么好处，你了解吗？

怎样从行驶的汽车上跳下来？

要回答这个问题大多数人肯定会说，按照惯性定律，车往哪个方向开，人就往哪个方向跳，但是惯性和这个说法有什么关系呢？我敢打赌，你问任何人，他们很快就会发现自己陷入困惑中。

> 根据**惯性**原理，列车向前行驶时，人的惯性也是向前的，这时候只有向列车行驶相反的方向跳，才会减缓速度、更加安全，但事实并非如此。惯性在这个问题中只是次要因素，人的行走动作和自我保护能力才是决定安全跳车的决定因素。

图 55 往前跳还是向后跳？

假设你遇到紧急情况，现在必须从一辆行驶中的汽车上跳下来。那么向前跳或者向后跳分别会发生什么呢？在你跳出去的那**一瞬间**，由于惯性，此时你的身体具有与汽车**相同的速度***，有向前移动的趋势。

如果向前跳跃，我们不仅没有降低自身的速度，反而增加了自身的速度。

图56 往前跳时速度更大

图57 往后跳速度更小

那么如果向后跳，身体的速度等于汽车向前的速度减去向后跳跃的速度，因此在接触到地面时，身体的速度小，那么就更不容易受伤。

往前跳是自身速度（箭头）和车速（箭头）的矢量相加（合速度箭头更长）
往后跳是自身速度（箭头）和车速（箭头）的矢量相减（合速度箭头更短）

但事实上，==当一个人从移动的车厢上跳下时，他总是会朝着车厢移动的方向跳==*。这确实是经过时间考验的最好的方法。而且我强烈建议你不要试着向后跳，否则结果会很尴尬。

值得注意的是，无论我们向前跳还是向后跳，都得冒着会跌倒的风险。因为当我们的脚接触到地面并停下来时，我们的身体仍是**移动**的。

37

但是向前跳可比向后跳安全多了，因为那样我们会下意识地向前伸出一条腿，甚至还可以**小跑几步**来平衡自己，就像走路一样自然。

图 58 往前跳，落地后为了保持平衡人可以往前走几步

之前说过的，根据力学的描述，走路就是一系列准备向前跌倒，然后及时伸出一条腿来防止摔倒的动作。

而如果我们往后跳的话，此时身体的移动方向依旧是车子移动的方向，也就是**背对**着我们的方向。因此这种情况下我们会有向后摔倒的趋势。但是我们在**向后跌倒**时无法下意识地做出像前倾时一样的腿部保护动作，因此跌倒的概率要大得多。

假设我们真的摔倒了，向前摔我们也可以利用双手来减轻冲击力，但如果是仰面摔倒，那就会是头先着地了。

图 59 往后跳的话，会有向后摔倒的风险

所以你看，还是向前跳车更安全，不是因为惯性，而是出于我们自身的习惯来考虑。然而这条规则显然不适用于我们的物品，比如说在行驶过程中，向前抛出的瓶子会比向后抛出的瓶子更容易被摔碎。假设你真的必须要跳车的时候还携带着行李，那么可以先向后甩出行李，然后再往前跳。

图60 携带行李时跳车

⚠ 本节内容仅为科学探讨，可千万不要去尝试，危险系数很高的哦！

拓展延伸

惯性定律

当物体没有受到任何外力作用时，则物体的运动状态保持不变。比如，你在公交车上，当司机急刹车时，如果你没扶稳的话，是不是感觉会向前摔倒。原因是急刹车时，人的身体由于惯性还向前运动，但双腿所站立的车厢已停止运动，所以人的身体前倾。

图61 刹车时没站稳的话会向前倾倒

提问

试想一下，当公交车启动的时候，如果没扶稳，人会向前倾还是向后仰？这是为什么呢？

抓到了一颗子弹

在第一次世界大战期间曾报道了这么一个奇怪的事件。

一名法国的飞行员在2000米的高空飞行时,在他的脸旁看到了一个他以为是苍蝇的东西。用手一抓,他惊讶地发现自己抓到的竟是一颗德军的子弹!

图62 飞行员以为看到了苍蝇,后来发现是子弹

这听起来就像《吹牛大王历险记》中闵希豪森男爵讲述自己能**徒手**接住炮弹一样荒唐,但其实这个抓子弹的故事并不离谱。

图63 闵希豪森男爵徒手抓炮弹

初始速度 800～900 米/秒的子弹不会一直匀速地飞行下去。空气阻力会使它在接近飞行结束时，速度降到仅 **40 米/秒**。而由于飞机是以和这差不多的速度飞行的，便达到了二者并驾齐驱的条件。在这种情况下，子弹相对于飞机的速度几乎为零，所以对飞机的驾驶员来说子弹就是**静止**[1]*的，飞行员就可以轻易地用手抓住它。在飞行过程中，飞行员基本都戴着**手套**，因此飞行员也感受不到子弹在空气中超高速飞过时所产生的高温。

[1]这里并不是说子弹是静止的意思，而是飞行员和子弹速度相同，二者相对静止。

拓展延伸

摩擦生热

两个物体的机械能转化为热能的过程*，"钻木取火"就是利用了这个原理。子弹在空气中快速飞过时温度会升高，就是因为子弹在飞行过程中与周围的空气发生摩擦导致的。

图 64 钻木取火

提问

闵希豪森男爵说他能徒手接住飞行中的炮弹，你认为这是真的吗？

图 65 徒手接炮弹？

西瓜炸弹

我们已经了解到，在特定的情况下子弹会失去它的威胁性。但也有些情况是，当轻轻抛出一个"无害"物品时却造成具有破坏性的撞击。1924年"圣彼得堡—第比利斯"赛车期间，农民们为了表达他们对赛车手的敬仰之情，向赛车投掷了西瓜、苹果等作物。

图 66 掷向疾驶中汽车的水果成了危险的"炮弹"

这些完全无害的"礼物"在车上砸出了可怕的凹痕，并间接导致赛车手受了重伤。

为什么会这样呢，西瓜、苹果有如此威力，倒是有些骇人听闻。问题关键究竟在哪儿？聪明的你是否已发现端倪？

之所以会这样是因为当汽车的速度再**叠加**西瓜或苹果被抛出的速度时，会将它们变成危险的抛射物。朝时速 120 千米/小时的汽车上扔一个 4 千克重的西瓜，西瓜所具有的动能就相当于发射一颗 10 克的子弹。当然，它们的冲击力是不一样的，毕竟西瓜很容易被压扁。当飞行员驾驶一架时速约为 **3000 千米/小时**（约等于子弹发射的速度）的超高速飞机时，可能就会体验到像我们刚才所描述的那样，被西瓜炮弹砸到的感觉。

这时任何挡在飞机航行路线上的东西，对这架超高速飞行器来说都是一次冲撞。飞机一般在平流层飞行，而大多数鸟类在对流层飞翔。

图 67 飞机飞行时，哪怕是一只鸟也能造成巨大破坏

如果从另一架飞机上向超高速飞机丢下几颗子弹，子弹会以巨大的冲击力击中飞机，效果就像从机关枪中发射出来的一样。

因为不管是从另一架飞机上坠落的子弹或者是挡在航线上的物体，子弹或物体与飞机的**相对速度***都是相同的，都会以大约 **800 米／秒**的速度与飞机相遇，因此它们与飞机相撞时会对飞机造成严重的破坏。但如果从**后面**[①]以相同速度飞过来的子弹对飞机来说就是无害的。

①同向运动，相对速度为二者速度之差，若二者速度相同，则二者相对静止。

以几乎相同的速度向同一方向运动的物体即使相撞，也不会产生严重后果。1935 年，火车司机博尔谢夫就巧妙地利用了这一点，避免了一场铁路重大事故。当时他正驾驶着一列火车行驶在俄罗斯南部的叶尔尼科夫和奥尔尚卡之间。前面有另一列火车一路冒着热气。

这列火车由于无法产生足够的动力来爬坡，司机松开挂钩，开着车头和几节车厢驶向最近车站，将剩下的 36 节车厢落在后面。但是他没有用刹车锁刹住车轮，这 36 节车厢开始向后滑落陡坡。此时车厢已经加速到 15 千米／小时，碰撞已经迫在眉睫。幸亏博尔谢夫足够机智，他立刻就想到了对策。

他先刹住了自己的火车，并开始向后[②]倒车，逐渐将速度提高到 15 千米／小时[③]。这使他在没有造成何损坏的情况下，将 36 节车厢全部停在了自己的车头前。

②与 36 节车厢同向。

③与 36 节车厢速度大小相同，又同向，此时二者相对静止。

图 68 车厢与火车在斜坡上相对静止

我们可以利用同样的原理设计出能更容易在行驶中的火车上书写的工具。你们都知道这做起来很难，因为火车在经过铁道接轨处时都会猛地晃一下。但这种晃动并 不是同时 作用于纸和笔的。所以我们的任务就是想一个办法让晃动能同时作用于两者，这样纸和笔才会保持在 相对静止 * 的状态。图69 展示的这个设备就可以帮我们实现这一点。

图69 帮助人们在晃动的火车上正常书写的神奇工具

右手腕绑在小板 a 上，小板 a 能够在木板 b 的卡槽中实现上下滑动，b 又能在书写板的凹槽中上下滑动。这种布置为书写既提供了足够的空间，同时也使火车的每次晃动能够同时作用于纸和笔，或者更确切地说是你握着笔的手。

这使得在火车上写字就像在家里的书桌子上写字一样简单。但还是有一点不太令人满意，由于晃动 不会同时作用于手腕和头部，因此写字的时候看到的画面依旧是晃动的。

提问

既然鸟撞上飞机会非常危险，那么聪明的你能否提出合理的建议来避免这种危险呢？

图70 飞机与飞鸟

哪里的东西更重？

我们爬得越高，地球对我们的吸引力就越小。如果我们能将 1 千克的物体放到 6400 千米高的地方，此时它与地心的距离是**地球半径**[①]的 2 倍，重力会降到地表上重力的四分之一（$\frac{1}{2^2} = \frac{1}{4}$）。在这时，天平称出的重量仅有 250 克，而不是 1 千克。根据万有引力定律，计算地球与物体之间的万有引力，常把地球的质量集中在地心位置*。这种吸引力的大小与物体到地球的距离的平方成反比*。

[①] 地球半径约 6400 千米。

> 在这个例子中，我们将 1 千克的重物放到距离地球中心**两倍地球半径**的地方，因此吸引力减弱到了原来的四分之一。如果我们将重物提升到距离地球表面 12800 千米的高度，即此时重物距地心的高度为地球半径的三倍，那么引力将减弱到提升前的**九分之一**（$\frac{1}{3^2} = \frac{1}{9}$）。这时称出的重量仅有 111 克。

重物在 12800 千米处时，此时距地心距离为 $3R$，质量为 111 克

重物在地表时，此时距地心距离为 R，质量为 1 千克

重物在 6400 千米高空时，此时距地心距离为 $2R$，质量为 250 克

图 71 高度越高，物体重量越轻

你可能会这样想：如果我们将 1 千克重物放到地底下，越往深的地方放引力就会越大，它的重量也越大。但是，你这么想就错了。这样做物体的重量不会增加，反而会减少。

这是因为在地底下地球的引力不仅在一个方向作用于物体，而是从各个方向作用于物体*。

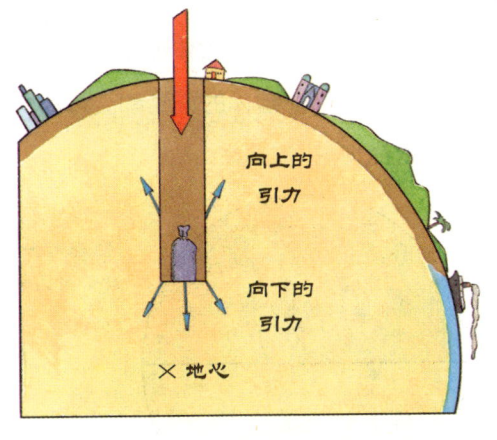

图 72 离地心越近，受到的引力越小

图 72 展示了物体在井中所受到的引力，它在被来自于下方的引力往下拽的同时，也被来自于上方的引力向上拉。现在物体还处在地心的上方。如果在物体下方的地球质量比在物体上方的质量更大，那么来自于下方的引力就比上方大。随着我们越往地球深处走，我们下方的地球质量越少引力越小。

当走到地球的中心，我们将变得没有重量，这时我们受到的来自各个方向的引力是相等的，因此它们互相抵消了。当然这些都是我们的假设，地球内部并不具有适宜人类生存的环境。越往下去，温度越高，地下 100 千米的地方，温度可以达到上千摄氏度。地幔和地核的边界温度约为 4000 摄氏度（地下约 3000 千米），地心处的温度在 6000 摄氏度。就目前情况来说，深入地心的高温、高压的环境中不是现有技术能够实现的。

简单来说，当物体位于地球表面时它的重量是最大的，无论是地表往上还是往下，物体的重量都会减小，注意，这个结论的前提是地球得是一个**密度均匀***的球体。

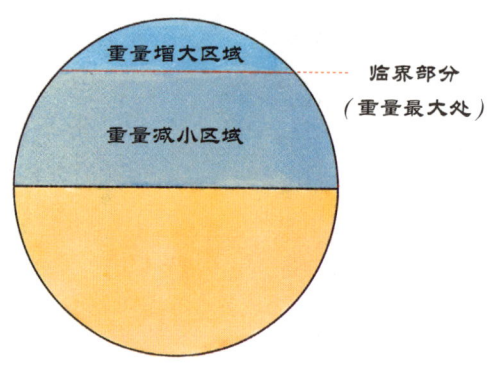

图73 地球往下走时，物体重量的实际情况

实际上，越靠近地球中心的部分，地球的密度越大，所以往下走到一定距离时重量才会开始减小，在那之前重量都是会增加的*。

地壳的密度为2.6～2.9克/立方厘米；地幔的密度随着深度的增大而增大，密度范围为3.2～5.1克/立方厘米；而地核由于巨大压力的作用，密度达到了12克/立方厘米左右。

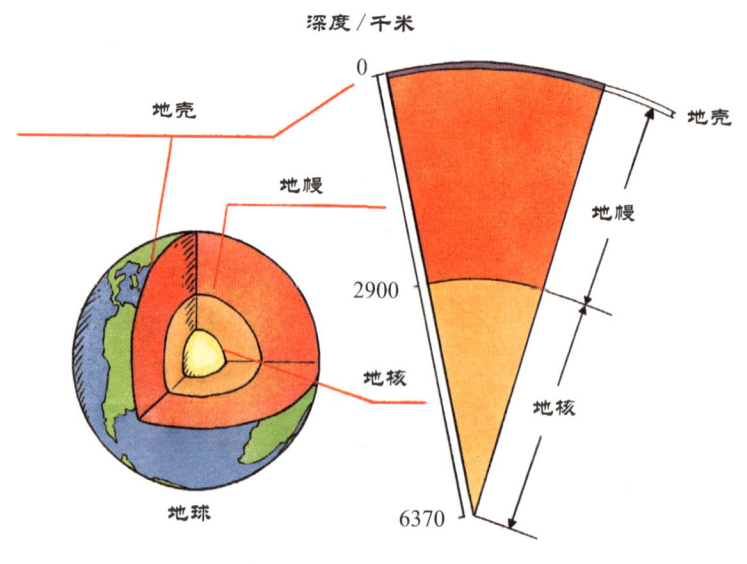

图74 地球结构示意图

拓展延伸

地球的构成

地球实际上主要由三个物质分布不均匀的同心球层构成，根据化学特性来区分的话，从外到内分别是地壳、地幔、地核。

地壳：是地球最外层的结构，深度在 5～75 千米，仅占据地球体积的 1% 左右。一般在地球表面，海拔越高，地壳越厚；海拔越低，地壳越薄。

地幔：是地球内部体积最大，质量最大的一层，占据地球体积的 82% 左右，约占地球总质量的 68%。深度大概从 75 千米处延伸至 2900 千米，主要由固体组成，地幔可分为上地幔和下地幔，上地幔的温度可达到 900 摄氏度，下地幔的温度则可达到 4000 摄氏度。

地核可以分为内地核和外地核两层。

外地核：这一层 80% 的组成成分是液态铁和镍。深度在 2900～5100 千米。它的温度范围从 3700～5500 摄氏度。

内地核：深度约为 5100 千米以下至地心，主要成分是铁和镍。内地核的温度最高达到了 6800 摄氏度左右，但在如此高温下，铁仍是固态，这是因为在极高的密度下，铁的熔点变高了。

提问

有一个 1 千克的物体，此时它到地心的距离是地球半径的 4 倍，请问它此时的重量为多大？

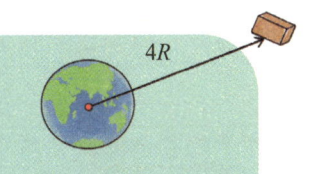

图 75 物体距地心 4R

下落的物体有多重？

当你乘坐电梯准备下楼时，是不是总有一种古怪的感受？==身体似乎变得无比轻盈==。现在有许多人都去挑战的极限运动——蹦极，也会让你体验到相同的感觉，这就是**失重感**。

图76 蹦极

当电梯向下启动时，地板突然下落，出于**惯性**，你的身体还没有获得一个向下的速度，因此电梯的地板没有受到任何来自你身体的压力，这时的你相当于是没有重量的。

往下跳的过程中，绑在脚上的弹簧绳在未有拉力之前，人几乎是失重的。

①失重状态只发生在一瞬间，也可以理解为身体来不及反应。

但就在下一瞬间，这种奇怪的感觉就消失了。因为在这**一瞬间**①*，由于重力，你的身体获得了比平稳地匀速运行的电梯更快的速度，最后和电梯一起做匀速下降的运动。你的身体又重新对地板施加了压力，你的重量全部回来了。

图77 坐电梯时的失重感

接下来我们做个实验来观察失重的效果。注意观察弹簧秤的示数。

> 将一个重物放在压力弹簧秤上，让弹簧秤和重物一起快速下落，同时注意观察秤上指针位置的变化。你会发现指针无法准确指示出重物的全部重量，数值会小很多！如果秤和重物一起<u>自由坠落</u>*的同时，你还能记录指针指示的数字的话，你会看到它指出的数字是 0。

静止状态下物体的重量 10 千克

快速下落，示数变小

自由下落，示数为 0

图 78 不同运动状态下，压力弹簧秤称出物体的重量

哪怕是最重的物体在自由下落时也会失去它所有的重量，原理很简单。我们平常测量的"重量"其实测量的是重物对将其所挂处向下施加的**拉力**，或者是对其下方支撑它的东西施加的**压力***。然而一个自由下落的重物不会对弹簧秤施加压力，因为这时它们在一起往下坠。因此，要问一个下落的物体的重量是多少，就等同于在问"没有重量的物体重量是多少"。

"现代科学之父"伽利略早在17世纪就在他的著作《关于两门新科学的谈话》中写道：

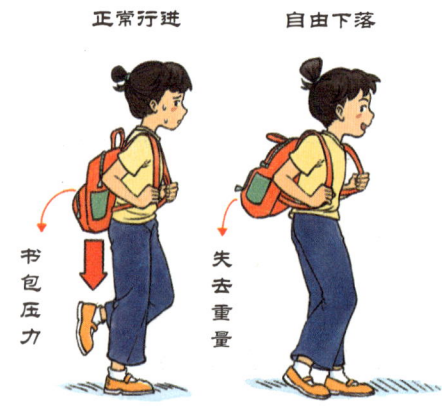

图79 自由下落的物体失去重量

"当我们在阻止背上的包裹不往下掉时，我们会感到背上有压力。但如果我们和包裹以**同样的速度**一起往下掉时，我们又怎么会感受到来自包裹的压力呢？这就像试图用长矛刺穿一个跑在前面的人（当然不是把长矛投掷出去），但我们的速度是一样的。"

图80 无法用长矛刺到跑在前面和你速度相同的人

将一个核桃夹放在天平左托盘上，将核桃夹的一端用绳子系住挂在天平的钩子上，在天平的另一个托盘上放上重物用来平衡核桃夹的重量。点燃一根火柴将细线烧断，悬着的核桃夹就会整个掉到托盘上。那么左托盘会随着核桃夹往下沉吗，还是会上升，又或者是继续保持平衡？既然你已经知道了下降的物体没有重量，那你应该也知道正确的答案了吧！没错，左边托盘会短暂地上升。尽管核桃夹下面的一端是被放在托盘上的，但是上面被吊起的那一端在下落过程中对托盘施加的压力比静止时小，因此放着核桃夹的托盘会上升。

要注意，失重不是重力消失，是对与其接触的面的压力消失*。

图81 探究坠落的物体重量的变化

提问

物体在自由下落时，重量会变轻，那么试想一下，如果物体加速上升时，比如过山车加速上坡，物体的重量又如何变化呢？这又是为什么呢？

53

从地球到月球

　　1865年至1870年间，儒勒·凡尔纳的《从地球到月球》在法国出版，他在书中提出了一个绝妙的计划，向月球发射一颗巨大的载人炮弹！他的描述是如此逼真，以至于你们当中大多数读过这本书的人都相信这真的能够实现。现在让我们来讨论下这个问题。（在"斯普特尼克1号"和"鲁尼克号"升空之后，我们已经知道用于太空旅行的东西叫作火箭，而不是炮弹。但是考虑到火箭是通过**燃烧**[①]来推动它之后的飞行，这其实与发射炮弹的原理是一致的。所以，凡尔纳是不过时的作家。）

① 燃料燃烧，产生高温、高压的燃气，燃气向后喷发，推动火箭升空。

图82 "斯普特尼克1号"是人类发射的第一颗人造地球卫星

图83 "鲁尼克号"是人类发射的第一颗人造月球卫星

我们先从理论上来探究一下有没有可能发射一枚不会掉落回地球的炮弹。物理理论告诉我们这是可行的。那为什么一枚水平发射的炮弹最终还是会落到地球上呢？这是因为地球**引力**的作用，使它的弹道<u>向地面弯曲</u>了，而不是保持直线运动。虽然地球的表面也是弯曲的，但炮弹的运动轨迹弯曲得更厉害。试想一下，<u>如果我们让炮弹沿着与地球表面完全相同的弯曲轨道运动，它就永远不会再掉回地面上</u>。它将沿着地球的同心圆轨道运行，成为一颗卫星，或者可以说成为地球的"第二个月亮"。

但是我们如何让炮弹沿着这样的轨迹飞行呢？我们需要做的就是赋予炮弹一个足够大的初始速度。

图 84 地球的部分横截面

在山顶上的 A 点架一门大炮，水平发射一枚炮弹，如果没有地球引力的作用，炮弹将会在一秒后飞到 B 点。但因为有引力的作用，实际上它会到达比 B 点低 5 米的 C 点。我们在第一章里计算过，任何自由落体（真空中）的物体在第 1 秒内下落的距离是 5 米*。

假设在它下降这 5 米之后，炮弹距离地面的高度与它在 A 点被发射出来时距离地面的高度完全相同的话，那就可以说炮弹是沿着地球同心圆轨道飞行的。

接下来计算 AB 的距离，或者换句话说就是，炮弹在空中 1 秒内飞行过的水平距离，这能告诉我们发射一颗永远不落回地面的炮弹需要的初速度是多少。

在三角形 AOB 中，OA 是地球的半径（这里取 6370000 米）。OC=OA，BC=5 米；因此 OB=6370005 米。

利用勾股定理我们可得出：

$(AB^2) = (6370005^2) - (6370000^2)$

计算上式得出 AB 约等于 8000 米。

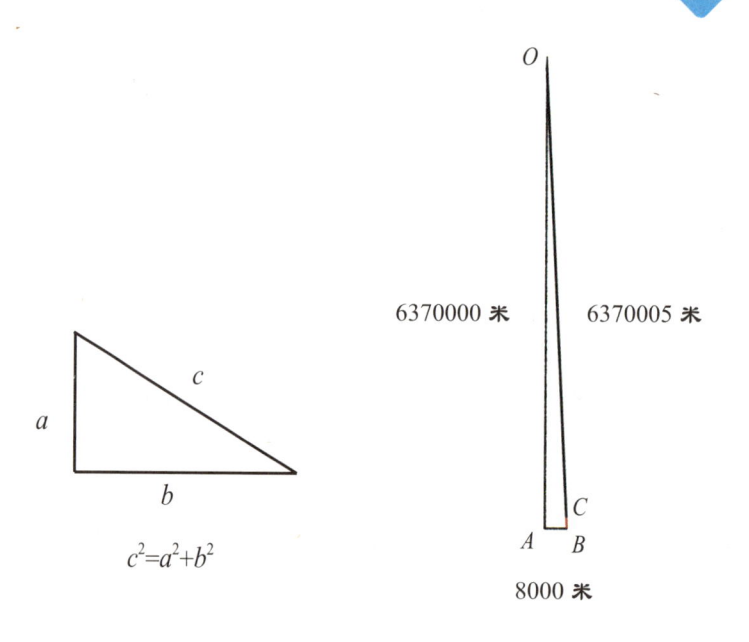

$c^2 = a^2 + b^2$

图 85 勾股定理

图 86 根据勾股定理计算 AB 的距离

所以以 **8 千米 / 秒** 的速度水平射出的炮弹将永远都不会再落回地面，它就这样变成了环绕地球的"第二个月亮"。

现在假设我们能给炮弹赋予一个更大的初始速度，它能飞去哪里呢？

天体力学科学家们已经证明，以 8 千米/秒、9 千米/秒甚至 10 千米/秒的速度发射的炮弹，其飞行轨迹更接近椭圆形，并且发射的初速度越快，椭圆越扁长。当炮弹的速度达到 **11.2 千米/秒** 时，它的轨迹将不再是椭圆，而是非闭合的"抛物线"或"双曲线"，如图 87 所示，然后就飞离地球再也不回来了。

> 所以理论上说，只要炮弹的初始速度足够大，就可以乘坐炮弹飞向月球。（这是在忽略空气阻力的前提下，实际上很难实现。）

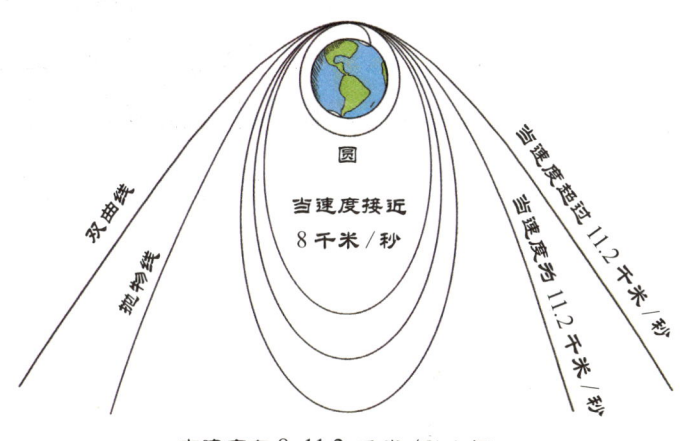

图 87 炮弹速度为 8 千米/秒及以上时的各运行轨道

提问

假设物体在月球上 1 秒内下降的距离是 0.8 米，月球的半径取 1737 千米，试计算，在月球上以多大的速度水平发射的炮弹将永远不会再落回月球表面？

飞向月球：儒勒·凡尔纳 VS 真相

你如果读过《从地球到月球》这本书的话，那么你可能会记得其中有这么有趣的一段：

"当炮弹飞行到月球引力与地球引力相等的点时，奇妙的事情发生了，炮弹内的所有物品都失去了其自身的重量，旅行者们也开始飘浮在空中。"

图 88 炮弹未飞行时内部人、狗及物体都未漂浮

图 89 旅途中旅行者们及周围的物体都开始飘起来

这样的情节完全没有问题。但儒勒·凡尔纳没有注意到的是，这种现象不仅仅只会发生在故事中描述的那一刻。

> 事实上，这种现象应该在炮弹自由飞行后就开始出现了。

这听起来是不是很不可思议？但很快你就会感到奇怪，为什么之前没有注意到这个疏漏呢？让我们以凡尔纳的故事为例。里面有一段情节是这样的：

"太空旅行者们将狗的尸体抛出去后，狗还继续跟随着炮弹，而没有落回地球，乘客们看到后都惊呆了。"

凡尔纳对这个现象给出了正确的解释：在真空中，引力给所有物体赋予了同样的加速度。狗尸体在抛出时，具有和炮弹相同的初速度。在同样的引力的作用下，他们的**初速度相同**①*，加速度也相同，所以在整个旅程中，他们的速度从始至终都是一样的。也就是说，从炮弹里抛射出去的狗，会跟随着炮弹沿同样的方向，以同样的速度飞行。

①惯性的作用，从有速度的飞行物上坠落的物体，具有和飞行物同样的速度。

图90 被抛出的狗跟在炮弹后面，而没有回到地球

凡尔纳遗漏的点是，如果狗在被抛出后没有再次落回地球，为什么当它还在炮弹内的时候会落在地面上呢？这两种情况下不都是同样的力在起作用吗？当在炮弹外时会悬浮在半空中的狗，在炮弹内也应该一样保持这个状态。它的速度和炮弹的速度是完全一样的，因此它在炮弹内也应该是悬浮在半空中的。

这个道理既然适用于狗，那也应该适用于旅行者和其他的所有物体。一般来说，如果他们都以相同的速度沿着一样的轨迹飞行，那就不应该是下落的，即使没有东西可以支撑它们站着、坐下或是躺下。

> 在炮弹里的乘客可以将一把椅子翻转过来举到天花板上，它也不会"掉下来"，它会跟着天花板一起继续移动。他也可以头朝下地坐在这把椅子上，还不掉下来。

毕竟，有什么东西会让他跌倒？如果他真的掉了下来或者飘了起来，那就意味着这时炮弹的速度比椅子上的乘客更快，否则椅子不会动。但是<mark>炮弹内部的所有物体包括乘客都有着与炮弹相同的速度</mark>*，所以这是不可能发生的。

图91 在炮弹中把椅子倒过来，坐在天花板上也不会掉下来

这就是凡尔纳没有考虑到的地方。他认为在太空中旅行时，所有东西都会继续压在炮弹内的地板上。他忘记了当重物压在它的支撑物上时，只是因为这个支撑物是静止的。但是如果二者都在太空中以相同的速度飞行，它们之间不会有任何压力*。

然而，凡尔纳却是这样描写的，在被发射进入太空后的前半小时内，无论乘客们怎么费力地尝试，都无法分辨出他们是否在飞行。

如果是坐在轮船上的乘客可能会产生类似的疑虑，但太空旅行者向来是不会有这样的问题的。因为太空旅行者不可能注意不到自己完全失重了，而轮船里的乘客则不会有这种体验。

因此，一旦炮弹被发射出去后，内部的乘客就会完全处在**失重**的状态并飘浮在其中，包括炮弹里的其他任何东西。

图 92 炮弹中的乘客对自己有没有在飞行感到疑惑

拓展延伸

失重状态下的人

在失重状态下，你可以在空气中游泳，你的头发也会不受控制地飘起来。你会很难直接从瓶子里喝水，要把湿毛巾拧干也不可能做到。

而且有趣的是，到太空中生活半年后的宇航员回来后会发现他们竟然长高了几厘米，这是由于失重状态下骨骼受到的压力变小了，导致了脊柱中的软骨变长。但一般在他们回到地球生活几个月后身高又会缩回去。

提问

在太空中人处于失重状态，很难从瓶子里喝水，那么该怎么做才能喝到瓶子里的水呢？

用不准的天平称出正确的重量

要想准确称量重量，哪一个因素更重要，**天平**还是**砝码**？你可不要认为两者是同等重要的。只要有正确的砝码，哪怕天平不准，你也可以测出准确的重量。关于这个问题有好几种测量方法，这里我们将介绍其中的两种。

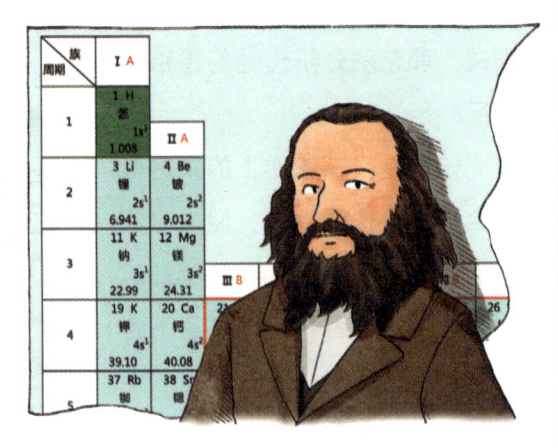

图93 门捷列夫

第一种方法——恒载法，是由伟大的俄罗斯科学家**门捷列夫**[①]提出的，具体步骤如下：

首先，你将手边的，什么物品都可以，放在其中一个托盘上作参照物*。要确保这个参照物比你要测量的物体重。比如要测一个橘子的重量，先在左边托盘放一瓶防晒霜。

[①]他发现了化学元素的周期性，制作出世界上第一张元素周期表。

图94 恒载法称量物体的重量步骤 I

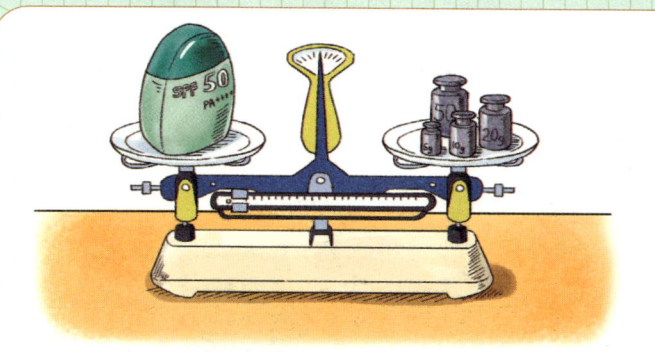

在另外一个托盘上放上砝码用来平衡参照物。由图95可知防晒霜的重量是85克。

图95 恒载法称量物体的重量步骤2

然后将你想要称重的东西放在有砝码的那个托盘上，并拿走一定数量的砝码来让天平重新回到平衡的状态。也就是将橘子放在右盘上，拿走一定砝码，让天平重新平衡。

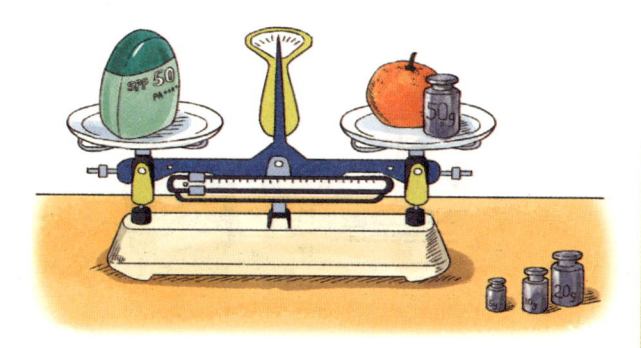

图96 恒载法称量物体的重量步骤3

最后将卸下的重量加在一起，得到的结果就是你要测的物体的重量。由图可知橘子的重量为5克+10克+20克=35克。

图97 恒载法称量物体的重量步骤4

这种方法叫作"恒载法"，尤其是当你需要连续对多个物体称重时*特别方便。你可以用一个物体来称量剩下的所有物体。

还有另一种方法，是以提出它的科学家的名字命名的，叫作"**波尔达法**"，步骤如下：

将需要称重的物体放在天平一边的托盘上。然后将沙子或铁珠倒入另一个托盘中，直到天平<u>平衡</u>。我们还是以橘子为例。

图98 "波尔达法"称量物体的重量步骤1

将橘子从托盘上拿下来，但==不要动另一个托盘上的沙子或者铁珠==！

图99 "波尔达法"称量物体的重量步骤2

现在在空着的托盘中放上砝码，直到天平再次恢复<u>平衡</u>。

图100 "波尔达法"称量物体的重量步骤3

<u>将这些砝码的重量加起来，就可以得出你要测量的物体有多重</u>。即这个橘子的重量为35克。

图101 "波尔达法"称量物体的重量步骤4

这种方法也被称为"**替代衡量法**"。

这种简单的方法也适用于<u>不准的弹簧秤</u>，只要有正确的砝码，都不需要用到沙子或者是铁珠。只需将要称量的物体放在弹簧秤上。例如我们称量两个橘子的重量。

图102 在弹簧秤上用"波尔达法"称量物体的重量步骤1

并记下此时的读数。然后将物体拿下来，再在托盘上放砝码，直到能获得和之前<u>相同的读数</u>。

图103 在弹簧秤上用"波尔达法"称量物体的重量步骤2

图104 在弹簧秤上用"波尔达法"称量物体的重量步骤3

<u>此时砝码的总重量就等于物体的重量</u>。由图104可知两个橘子的重量为50克+20克=70克。

提问

刚才我们介绍几种测量物体重量的方法，举的例子是橘子，橘子为固体。现在我想测矿泉水瓶中水的重量，即测液体的重量，你还能用本节介绍的方法测量吗？如果可以的话，请写出你的步骤。

图105 能否称量液体的重量？

我们的力量有多大？

你用一只手能举起多大的重量？假设你能提起 10 千克的重量。这个数值应该符合你手臂的肌肉力量吧？哦，不对。其实你的肱二头肌比这更强壮。图 106 展示了这块肌肉是怎么工作的。

假如我们将手臂看作杠杆，肱二头肌就连接在这条杠杆的支点 O* 附近。将重物提在手上就相当于重物的重量作用于手臂杠杆的一端。重物和支点之间的水平距离 AO，也就是重物与肘关节之间的距离，约等于肱二头肌末端到支点之间距离 IO 的 8 倍。

这就意味着如果你能提起 10 千克的重物，你的肱二头肌会运用 8 倍的力量，即你的肌肉能提起 80 千克的重量，这里运用到的是杠杆的平衡原理**。

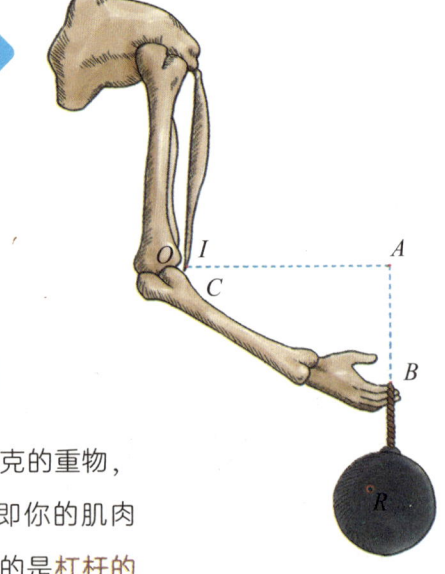

图 106 手臂杠杆示意图

上面的例子说明我们的力量比我们想象的要大很多倍，只不过我们从来没有思考过这个问题罢了。

可以毫不夸张地说，每个人实际上都比自身强壮得多，或者更确切地说，我们身上肌肉的力量比我们平时表现出来的要大得多。现在，你可能会认为这难道是不得已的吗？我们似乎在白白浪费身上的力量。

然而，力学中有一条古老的"黄金法则"：无论你在力量上失去了多少，你都会获得距离上的弥补①*。在上述情况中你获得了速度的增加，你手的移动速度是肌肉移动速度的8倍。

①其实任何杠杆，想要省力就费距离，想要省距离就费力，没有两全其美的，手臂就是费力省距离的杠杆。

在动物身上，肌肉的这种运作模式能够使它们更快速地移动四肢，这在生存的斗争中可比力量更重要。若非如此，我们的速度就慢得像蜗牛了。

图中我们可以看到马儿拥有一身健硕的肌肉，但这都是为了它们能更好地奔跑而服务的。用力量来换取速度。

图107 马儿奔跑

提问

我们在行走时，提起足跟的动作，和我们手臂提重物的工作原理一致吗？说说你的理由。

深海怪兽

为什么坐在椅子上比坐在平平的木桩上更舒服，尽管它们都是木头做的？用于制作吊床的绳索虽然并不柔软，但为什么躺在吊床上会感觉很舒服呢？

我想你或许已经猜到原因了。

木桩的表面是非常平的，当你坐在上面时，你将自身的重量压在一个又平又小的面积上。而椅子的面积更大，这样在每个单位面积上你被分散掉的重量更小，也就是压强①更小了。

所以这个问题的关键在于压力是否能够被更均匀地分散开来*。比如在柔软的床上，床铺会顺着我们身体的曲线下陷，压力被均匀地分散开，每平方厘米只有几克的压力。难怪我们会觉得床上是那么的舒服。

① 可以理解为单位面积上的重量。

图 108 椅子

图 109 木桩

下面的计算可以说明这个差异。一个成年人的体表面积大约是 2 平方米（20000 平方厘米）。他在床上大约有四分之一，即 0.5 平方米（5000 平方厘米）的面积支撑着他。假设他的体重是 60 千克（60000 克），这意味着每平方厘米上仅承受 12 克的重量。

如果是在一块硬木板上，这时支撑面积只有大约 100 平方厘米，接触面积变小。此时每平方厘米的承受重量从 12 克增加到 600 克，人们会立刻感觉到这个明显的区别。

只要你身体的重量能被全部分散开来，哪怕是最坚硬的石头也能像鸭绒被一样柔软。假设你在湿黏土上留下了你身体的印记，等到它变硬时（变干燥的黏土大约会收缩 5%～10%，但在这里我们不考虑这个问题），你再次躺回到印记里面，就会感觉自己像正躺在羽绒垫上。虽然你实际上是躺在一个叫岩石的东西上，但感觉很柔软，因为你的体重被分散到了**更大的受力面积上**。罗蒙诺索夫曾写过这样一首关于深海怪兽的诗：

躺在尖锐的岩石上，
它可毫不在乎这坚硬的石块，
对于身形庞大的它来说，
这些只是松软的泥土。

深海怪兽说感受不到石头的坚硬，是因为它的重量被平均分布在了一片很大的支撑面积上。

图 110 躺在巨大岩石上的深海怪兽

提问

为什么躺在吊床上，人会感到舒适呢？

图 111 人躺在吊床上

尖锐物体更易刺入

你有没有想过为什么针能够那么容易地刺穿物体？为什么用针穿过一块布或者纸板是那么容易，而用钝的钉子却那么困难？难道，在这两种情况下作用的不是同一种力吗？

力虽然是相同的，但产生的压强不同*。用针的话，整个力都集中在针尖上，但是换成不够尖的钉子时，相同的力就会被分散到了更大的接触面积上。

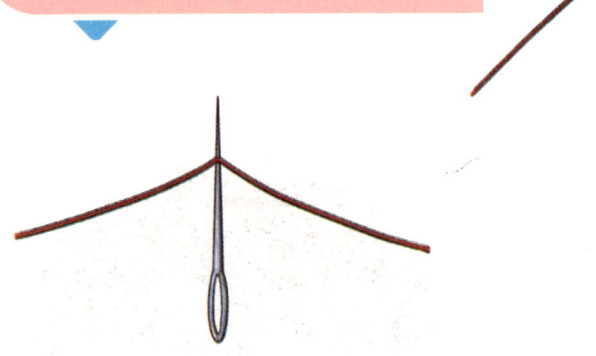

图 112 用针刺穿布和用粗的钉子刺穿布做比较

因此，尽管我们施加的力是相同的，但针尖产生的压强比钉子要大得多。

我们都知道，同样重量的耙子，20 个齿的耙子松过的土地就比 60 个齿的耙子松过的土更深。为什么呢？因为 20 齿的耙子上每个齿分配到的力比 60 齿的耙子更大。

当我们谈到压强时，除了考虑力的大小，我们还得考虑**力作用的面积***。就像当我们得知一名工人的工资是 1000 元时，我们没法判断这算高工资还是低工资，因为我们不知道这是一个月的工资还是一天的工资。

同理，力的作用效果取决于它是被分布在 1 平方厘米的面积上还是集中在 0.01 平方毫米的面积上。有了滑雪板我们就能轻松地穿过雪原，没有它们，在雪地上我们就寸步难行。想想，这是为什么呢？

> 因为在滑雪板上，身体的重量被**分散**在更大的区域上。假设滑雪板的面积是我们脚底面积的 20 倍，那么踩在滑雪板上时，我们在雪上产生的压强，就只有我们用脚踩在雪上所产生压强的 $\frac{1}{20}$。当我们在滑雪时，雪能够支撑住我们的重量，但是没有滑雪板的话，它就会让你往下陷。

图 113 踩在滑雪板上可以在雪地随意移动

图 114 仅靠双脚踩在雪地上时却寸步难行

> 看，同样是在雪地中行走，减小压强可以帮助我们更容易行进。

还是同样的道理，人们会给在沼泽地中行进的马匹穿上一种特殊的蹄铁，这样可以增加它们与支撑面的接触面积，从而减小了每平方厘米上的压力。当人们想要穿过沼泽或者薄冰时，也会采取类似的预防措施，他们通过**爬行**将体重分散到更大受力面积上。

尽管坦克和履带式拖拉机非常重，但它们一般不会被卡在松散的地面上，这也是因为它们的重量被分散到了较大的受力面积上。

一台 8 吨重的拖拉机，地面每平方厘米承受约 600 克的重量。尽管一些履带车重 2 吨，地面每平方厘米上也仅承受 160 克的重量，这使得它们可以轻易穿越泥沼和沙滩。

这些是利用扩大受力面积来获得好处的例子，与针尖的例子恰恰相反。

图 115 坦克、履带式拖拉机、履带车

以上例子都表明，磨尖的针之所以能轻易地刺穿东西，是<mark>作用力仅施加在一个非常小的面积上</mark>。这也说明了为什么锋利的刀比钝刀更容易切割食物，因为力被集中在更小的区域上。所以总的来说，尖锐的物体在穿刺或者切割这样的任务上表现得更好，因为所有的压力都被集中在一个点或一条线上*。

提问

为什么我们的书包背带要做得较宽呢？可不可以用细绳代替？为什么呢？

本章科学小实验

穿透土豆的吸管

一根软吸管可以扎进坚硬的土豆里面，这不是魔术，你也可以做出这样的视觉效果，下面让我们一起来试一试吧。

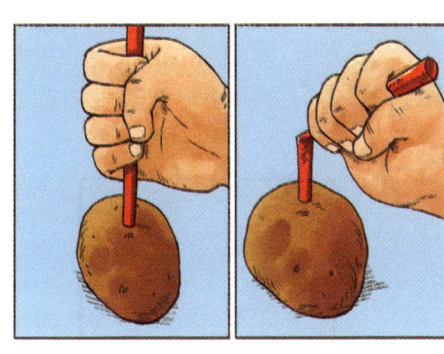

图 116 握住吸管插入土豆

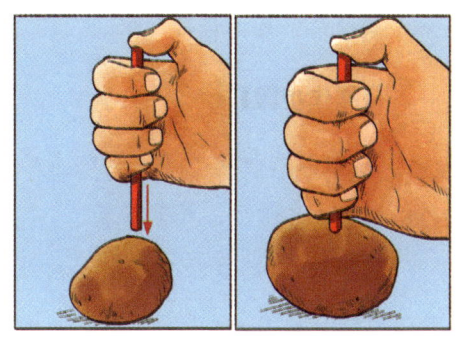

图 117 大拇指顶住吸管插入土豆

【实验道具】

一根塑料吸管、一个土豆

【操作步骤】

（1）把吸管竖直放在一颗土豆表面，把吸管用力往土豆里面扎，吸管无法扎入土豆里，而且吸管还弯折了，见图 116。

（2）现在，用大拇指堵住吸管顶端，竖直方向用力把吸管扎向土豆，见图 117。

（3）吸管扎入土豆里面了，向上提，甚至能将土豆提起来。注意，要全程保持大拇指堵住吸管顶端的状态。

【科学原理】

我们将吸管的一端用手指堵住，吸管内空气的唯一出口就是扎入土豆的那一端，吸管内空气体积在插入土豆的那一瞬间变小，对周围的压强将增大。这个力不能推开手指和吸管壁，只能从相对较薄弱的土豆中冲出去，所以我们就能够用吸管将土豆穿透。

平衡鸟

给你一张纸，你能让它在你的指尖平衡吗？如果把这张纸裁剪成小鸟的模样呢？看！神奇的"平衡鸟"来了……

【实验道具】

回形针、笔、剪刀、纸

【操作步骤】

（1）首先将纸对折，在纸上画一只鸟，如图118所示，并剪下来。

（2）在鸟的翅膀两侧别上相同数量的回形针，如图119。

（3）用手捏出小鸟向下勾的嘴巴。

（4）将小鸟嘴巴放在手上、瓶口或者木棍上，现在小鸟可以保持平衡，不会掉落了，如图120所示。

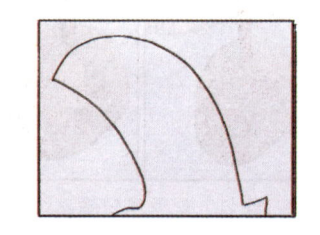

图118 在对折纸的一面画上鸟形状

图120 平衡鸟平衡在木棍上

图119 鸟的翅膀别上回形针

【科学原理】

平衡鸟之所以会平衡，是因为添加回形针后，<u>重心由鸟身体中部前移到了鸟嘴巴的位置</u>，也就是说整只鸟实际的重心在嘴尖这个点的下方。

第三章

大气阻力

子弹和空气

每个小学生都知道空气会阻碍子弹的飞行。然而，并没有多少人知道这阻力有多大。大多数人认为，像空气这样我们通常都感觉不到的"抚摸"般的阻力并不能阻挡快速飞行的步枪子弹。但实际上，空气阻力比我们想象中的要厉害，它对物体动能的损耗，使物体的运动距离大大衰减。

只要仔细看一下图121，你就会意识到原来空气对于子弹而言，绝对是前进道路上一个相当大的障碍。图上较大的曲线描绘的是子弹在**没有空气阻力**的情况下的运动轨迹。

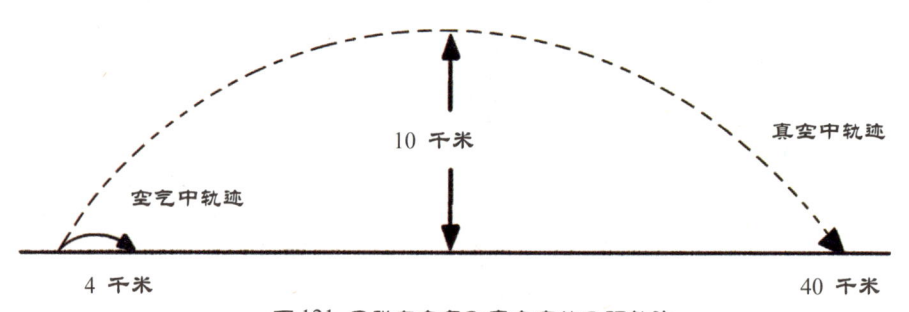

图121 子弹在空气和真空中的飞行轨迹

> 想象一下，如果没有空气，子弹就可以飞行40千米（高度可以达到10千米），从而打到更远距离的敌人了。

当子弹以620米/秒的初始速度和45度的倾斜角从步枪中射出后，它会画出一个10千米高、40千米宽的巨大弧线。但有空气阻力的情况下，子弹实际上只能飞4千米远，如图121左下角所示，和大的弧线相比，微小弧线几乎可以忽略掉，这就是空气阻力的作用！

拓展延伸

旋转的子弹

子弹飞出去是旋转的。高压顶出子弹，子弹高速射出，子弹最初是不转的，但后来发现子弹飞行时容易**翻转**，所以把枪膛中的直刻线改成**螺旋线**，这样子弹就只会旋转而不翻转。因为空气是流体，旋转可以减少阻力。旋转的子弹带动其周围的空气旋转，相当于形成一个**风洞**①，裹着子弹使其直线运动。

①可以产生并控制气流，用来模拟飞行体周围气体流动情况的一种管道状设备。

图 122 子弹与包围在其周围的空气

提问

既然空气阻力影响子弹的射程，那么你知道哪些措施可以减小子弹受到的阻力呢？

大贝尔塔

在 1918 年第一次世界大战接近尾声时，英法联军的飞机已经制止了德国的空袭。德国人率先尝试了从 100 千米甚至更远的距离进行远程炮击。

当时德国的炮手偶然想到了利用这种新颖的方法来炮击法国首都，当时法国首都距离前线至少有 110 千米。

将大炮向上倾斜，让炮弹能以一个较大的角度被发射出去，这样做他们意外地发现炮弹可以飞行到 40 千米远的位置而不是 20 千米。这是因为当炮弹被发射出去时的**倾斜角***合适，再加上**初始速度**足够大的话，炮弹就能飞到空气较为稀薄的高空，那里的空气阻力相当弱。炮弹能够在这个高度上飞行很长一段距离，然后急剧地向下转向，再次落到地面。图 123 展示了在不同角度下射击的炮弹飞行轨迹的巨大差异。以这个原理为基准，德国人设计出了在 115 千米以外的距离也能轰炸巴黎的远程大炮。这种大炮被称作"大贝尔塔"，它在 1918 年的夏天至少向巴黎发射了 300 多枚炮弹。

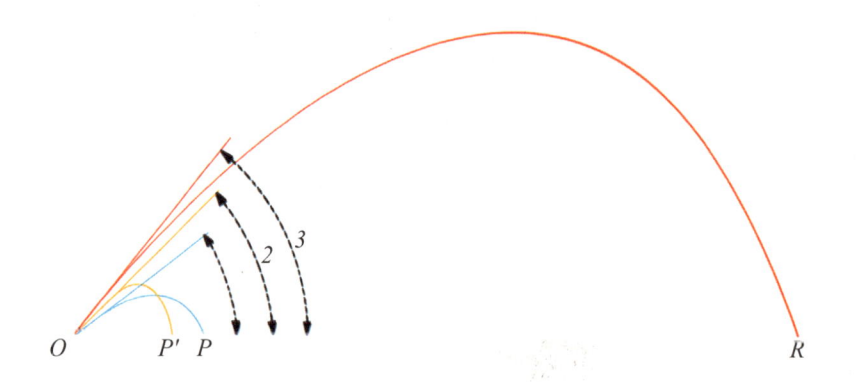

图 123 大炮的射程随仰角的变化而变化

图 123 在角度 3 的情形下，炮弹会进入空气稀薄的平流层，所以飞行的距离会远得多。

后来我们才得知，大贝尔塔炮由一根长 34 米、直径 1 米的巨大钢管组成。它的后膛壁厚有 40 厘米，大炮本身重达 750 吨。一颗炮弹的重量是 120 千克，它的长度有 1 米，直径有 21 厘米。每发炮弹自带 150 千克火药，爆炸能产生相当于 5000 个**大气压**的压力。

图 124 大贝尔塔炮

炮弹发射时的初始速度为 2000 米／秒，发射仰角为 52 度。炮弹会在空中画出一道巨大的弧线，弧线的最高点甚至能达到离地面 40 千米的**平流层**。炮弹仅需 3.5 分钟就到达 115 千米以外的巴黎，其中有 2 分钟是在平流层中度过的。

图 125 平流层中飞行航班

大贝尔塔炮是历史上第一座远程火炮，也是现代远程火炮的先驱。但是有一个问题，随着子弹或炮弹的初始速度的增大，空气阻力也会随之增加，空气阻力的大小与速度的二次方成正比*。

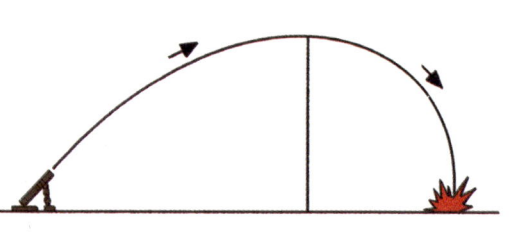

图126 大贝尔塔炮飞行轨迹示意图

拓展延伸

地球的大气层

地球的大气层是一层薄薄的空气带，如果没有大气层，地球上的生物除了无法呼吸，还会遭受来自太阳的热量及辐射的侵害。大气层由78%的氮气，21%的氧气，以及1%的其他气体组成。从低到高可以将大气层分为五层，分别是对流层、平流层、中间层、暖层和散逸层。

对流层：所包含的空气质量占大气总质量的75%，包括大部分云层及大多数水汽和灰尘。

平流层：这一层含有能吸收紫外线的臭氧，帮助我们抵御紫外线的辐射。

中间层：大气层中最冷的部分，大部分流星会在这一层燃烧殆尽。

暖层：由于吸收了太阳发出的紫外线和X射线，温度变得相当高。

散逸层：地球大气层与外层空间接触的临界区域。

图 127 地球大气分层示意图

对流层由于受到地面森林、湖泊、草原、海滩、山岭等不同地形的影响，受日光照射而引起的气温的变化，因而造成垂直方向和水平方向的风，即空气发生大量的对流现象。这一层并不适合子弹、炮弹及飞机的运行。而平流层内大气平稳，以平流运动为主，能见度好，适合高空飞行。

提问

炮弹发射的仰角是不是越大越好？为什么？

图 128 火箭筒

风筝为什么会飞起来？

你知道为什么往前拉线，风筝它就会飞起来吗？如果你搞清楚了这个问题，那么你也就能够理解为什么飞机可以飞行，枫树种子会飘浮。甚至你还能琢磨出回旋镖奇怪的旋转轨迹中的奥秘。所有这些都与空气有关，空气的存在能给子弹和炮弹施加很大的阻力，同时也能让枫树种子飘浮，让重型客机飞行在空中。

接下来我用图129来向你解释为什么风筝会飞起来。

其中线段 MN 表示风筝的横截面。当你放开风筝并拉动绳索向前跑时，风筝会因为底端较重而与地面成一定角度地移动。假设让风筝从右向左移动，风筝的横截面与地面之间的夹角为 a。风筝在向前移动时空气会阻碍它的运动并对它施加一定的阻力，在图129中用矢量 OC 表示。由于**空气的作用力总是垂直于平面的***，因此 OC 与 MN 之间成直角。基于之前提到过的**平行四边形法则**[①]，我们可以将空气阻力 OC **分解***成两个力 OD 和 OP。

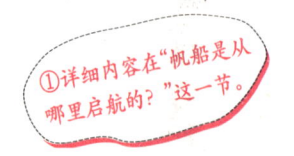

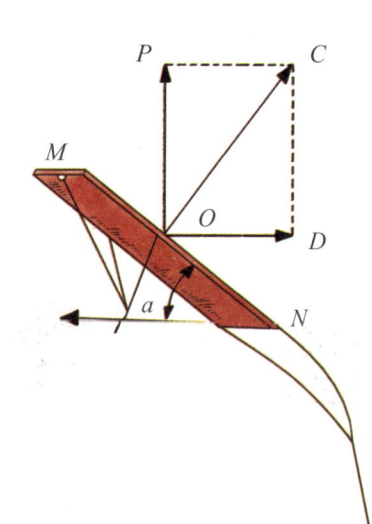

①详细内容在"帆船是从哪里启航的？"这一节。

图129 风筝受力示意图

其中 OD 会沿着水平方向将风筝向后推，从而降低它的初速度。另一个力 OP 将风筝向上推，减轻了风筝的重量，当这个力变得足够大时，它就能克服风筝的重量将它**托**起来。这就是为什么当你向前拉风筝绳索时，它会上升的原因。

图 130 螺旋桨飞机

飞机是由螺旋桨或者喷气发动机带动向前的，由于飞机机身的流线型，会导致飞机表面和底部的空气流速不同，根据流体压强的特点②*，此时飞机会获得一个升力。不过这只是一个粗略的解释，还有其他因素会导致飞机上升。

②流体流速大的地方压强小，力要小；流速小的地方压强大，力要大。

提问

地铁站台边上的黄线是安全线，距离轨道约 1 米。人们在候车的时候，都要站在安全线之外。你能根据流体压强的特点解释这一现象吗？

图 131 地铁站台黄色安全线

活的滑翔机

飞机并不是像我们认为的那样按照鸟儿的飞行机制制造出来的，而是更接近飞鼠（也叫鼯鼠）或者飞鱼。它们的运动方式与其说是飞，倒不如说是远距离跳跃，飞行上的术语称为"滑翔"。

在这种情况下，上节中分析的，使风筝浮起来的力 OP 由于太小而无法抵消它们自身的重量，只是减轻了它们的重量，使它们能够从高处进行远距离的跳跃。飞鼠可以从一棵树的顶端跳到 20～30 米远的另一棵树上。

飞鼠一般栖息于温带、寒温带山地林区的针叶林或针阔混交林，独居或两鼠同居。它们在高树的树洞中营巢，离地面在 3 米以上，巢穴整体呈圆形，内铺有苔藓、枯草及羽毛。它们主要在傍晚和夜间活动，白天有时也活动，没有冬眠现象。

图 132 飞鼠

飞鼠在血缘上跟松鼠很接近，全世界有 30 多种飞鼠，平日里在树上乱窜的时候跟松鼠无异，它们都有一条毛茸茸的大尾巴，也多以松柏树的种子为食，不过你要是把它们追急了，就会看见它们在树梢上纵身一跃，展开四肢——原本折叠在四肢间的一个宽大皮膜就展开了。

在东印度群岛和斯里兰卡还发现了一种体型更大的哺乳动物，叫作鼯猴，因其体侧自颈部直至尾部具有大而薄的滑翔膜，状似啮齿目的鼯鼠，面部又很像灵长目的狐猴而得名。

鼯猴是一种会飞的狐猴，体型与家猫差不多大，它的翅膀展开来有半米宽，足以支撑它沉重的身体跃出 50 米远。

图 133 鼯猴

袋貂也具有优秀的跳跃能力，其最显著的特征是只有一对门齿，后肢的第二、三趾愈合，看似一个脚趾长了两个爪子。袋貂大多嘴尖而短，尾巴具缠绕性，但也有不能缠绕的。你别看它们名字叫袋貂，就以为它们跟食肉貂类一样是吃荤的，其实不然，它们主要吃树叶、花、果，只有很少数杂食。在菲律宾栖息着一种袋貂，它们甚至能跳到 70 米远的地方。

图 134 袋貂

提问

你还知道哪些可以滑翔的生物？它们能滑翔的距离是多少？

85

延迟的跳伞

勇敢的跳伞运动员们通常在 10 千米左右的高度跳出机舱，在空中垂直降落很长一段距离后才拉伞绳打开降落伞。

许多人认为，降落伞打开之前，运动员就像在真空中下落一样。但如果真的是这样的话，那垂直下落的时间应该更短，落地时速度也会大得多。

实际情况是，空气阻力会阻止运动员的加速。在垂直下落的期间，只有在**前10秒**内运动员的速度是增加的，也就是前几百米的距离。随着运动员下降的速度越来越大，空气阻力也在增加，最终空气阻力和重力相互抵消，加速停止，运动员开始做**匀速运动***。

下面从力学角度来做一个粗略的解释。

图 135 跳伞

> 一般来说加速仅持续到第 12 秒甚至更短，这取决于跳伞运动员的体重。在此期间，他会下降 400~450 米，加速到大约 50 米/秒的速度。之后他以这样的速度匀速下落，直到他拉动降落伞绳索为止。

雨滴也是以相同的模式下落的。唯一不同的是，雨滴初始的加速时间甚至都不超过 1 秒。

图 136 下雨

雨滴接近地面时的速度不像跳伞运动员那么大，只有 2~7 米/秒，具体取决于它的大小。

下降的雨滴受到重力和空气阻力的作用，雨滴下落速度越大，受到的空气阻力就越大。在雨滴由静止开始下落的加速过程中，阻力由小变大，经过短暂时间后阻力与重力相平衡，雨滴以匀速下落，此时的速度即是雨滴的最终下落速度。

提问

为什么从高空中落下的纸团不会砸伤人，也不会在地面上砸出一个坑？

图 137 纸团

回旋镖

这种由原始人发明的巧妙的武器，一直以来都让科学家们惊叹不已。将回旋镖扔出去后，它描绘出的奇怪又纠缠的轨迹可以难住任何人。但现在我们已经能用一个详尽的理论来解释回旋镖的原理，它也不再神秘了。只是这个理论太复杂了，无法细说。简单来说，回旋镖是由三个因素共同作用的结果：

第一是初始的投掷力；
第二是回旋镖自身的旋转；
第三是空气阻力。

图 138 澳大利亚原住民投掷回旋镖

图 138 中，虚线表示回旋镖的轨迹，这个澳大利亚原住民知道要怎么综合利用上述三点来达到他想要的效果，只需巧妙地改变一下回旋镖投掷的角度和方向，用适当大小的力丢出去即可。

你也可以试着掌握一些投掷回旋镖的技巧，前提得先制作一个出来。从硬纸板上按图 139 剪出一个回旋镖。

它的每条臂长约 5 厘米，宽不到 1 厘米。用拇指和食指夹住它，然后以稍往上一点的角度**轻弹**一下。它能飞出大约 5 米，然后再环绕回来，最终回到你的脚下，当然前提是它在飞行中没有撞到任何东西。

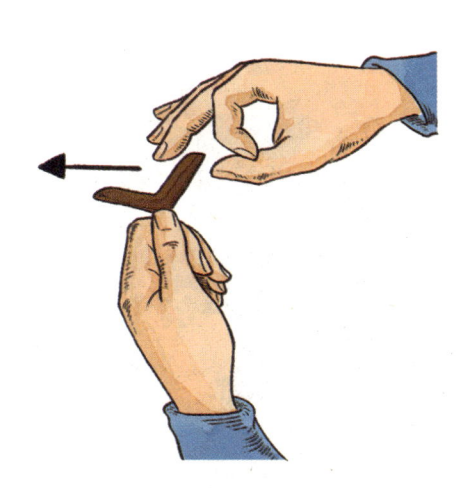

图 139 制作回旋镖

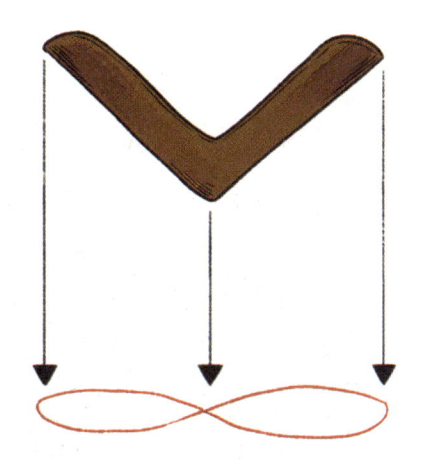

图 140 制作另一种回旋镖

你可以试着按照图 140 中给出的形状来制作一个更好的回旋镖，将其扭成看起来有点像**螺旋桨**一样的形状。经过反复练习后，你就能让它绕出几道错综复杂的曲线后再回到你的脚边。

牢记三个关键因素：**角度、力量、方向***。只要经过训练，我们也可以掌握这种抛掷技巧。

最后我还需要指出一点，回旋镖并不像通常认为的那样只是被澳大利亚原住民用作"导弹"。根据现存的壁画，它曾在印度出现，还被亚述武士广泛地使用过。它在古埃及和努比亚也很常见。澳大利亚回旋镖比较特别的地方是我们提到的像螺旋桨似的形状，这样它能划出一串复杂的曲线，然后回到投掷者这里。

图 141 古埃及士兵使用的回旋镖

图 142 使用回旋镖捕猎的古埃及士兵

提问

为什么回旋镖能够飞回来？请简述。

本章科学小实验

蜡烛吹不灭

蜡烛一吹就灭，小朋友们肯定都知道。但是今天这个实验中，用力吹燃烧的蜡烛，却怎么也吹不灭。你知道怎样做到这一点吗？

图143 吹不灭的蜡烛

【实验道具】

一根蜡烛、火柴、一个小漏斗

【操作步骤】

（1）点燃蜡烛，并固定在桌面上。

（2）使漏斗的宽口正对着蜡烛的火焰，从漏斗的小口对着火焰用力吹气。

（3）使漏斗的小口正对着蜡烛的火焰，从漏斗的宽口对着火焰用力吹气。

【科学原理】

吹气时，如果从漏斗的宽口端吹气，气流从细口涌向烛焰，蜡烛将很容易被熄灭。如果从漏斗的细口端吹气，吹出的气体从细口到宽口，逐渐疏散，气压减弱，因此蜡烛的火焰就不会熄灭。操作时注意蜡烛燃烧，保证安全。

自己会走路的杯子

杯子会走路？你一定是在逗我！但是科学就是这么厉害。我们大家都是用腿走路的，杯子虽然没有腿，但是也能走路。你想知道杯子是怎么走路的吗？就让我们来做个实验看看吧。

图 144 用热水浇杯底

图 145 杯子在玻璃板上滑动

【实验道具】

一个玻璃杯、一块玻璃板、热水、一本书

【操作步骤】

（1）用书将玻璃板一端垫高，将玻璃杯杯口擦干净，杯口沾些水，倒扣在玻璃板上。

（2）用热水浇杯子的底部。

（3）可以看到杯子在玻璃板上慢慢往下滑动了。

【科学原理】

当用热水浇杯底时，杯内的空气渐渐变热膨胀，要往外挤。但是杯口是倒扣着的，又有一层水将杯口封闭，热空气跑不出来，只能把杯子顶起一点儿，杯子在自身重力的作用下，就自己往下滑了。

第四章

转动 和 永动机

要怎么区分煮熟的鸡蛋和生鸡蛋？

给你一个鸡蛋，在不敲破的情况下，要怎么去判断鸡蛋是否煮熟了呢？学习了力学知识，就可以很容易分辨出来。

诀窍就在于煮熟的鸡蛋与生鸡蛋的**旋转方式**是不一样的，通过观察鸡蛋的**旋转情形**，就很容易将它们区分开来。

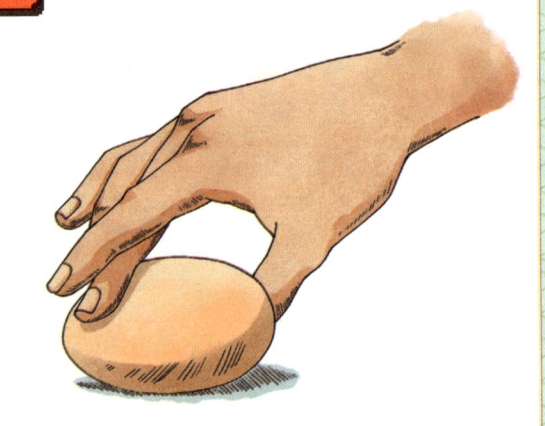

图 146 转动一枚鸡蛋

> 拿一枚鸡蛋，将其放在一个平面上并转动它。煮熟的鸡蛋，尤其是熟透了的鸡蛋，会比生鸡蛋转得更快、转动的时间更长。

事实上生鸡蛋转一圈都很难。一枚煮熟的鸡蛋只要转得够快，它看起来就会像一个既扁平又模糊的白色椭圆体。如果你的作用力再大一些，它甚至可能会站起来。原因就在于煮熟的鸡蛋是作为一个**整体**在旋转，但生鸡蛋却不是。后者由于里面是液体，因此不具有立即传递运动的功能，液体通过**惯性力***，阻止外壳的旋转，从而起到了制动的作用。

煮熟的鸡蛋和生鸡蛋停止旋转的方式也不同。当你用手指触碰一枚旋转中的煮熟鸡蛋时，它会立即停下来，而生鸡蛋在你把手指拿开后，还会继续旋转一段时间。这也是惯性的作用，在蛋壳处于静止状态后，生鸡蛋内的液体仍有移动的倾向，而煮熟的鸡蛋内的蛋黄、蛋白还有外壳一起同时停止旋转。

我们还可以用另一种方法来分辨煮熟的鸡蛋和生鸡蛋。

分别在生鸡蛋和煮熟鸡蛋的"子午线"上缠上橡皮筋，然后用两根相同的绳子将它们挂起来，如图 147 所示。扭转绳子使鸡蛋转过相同的圈数，然后松开绳子。你马上就能发现两个鸡蛋之间的区别。

煮熟的鸡蛋　　　生鸡蛋

图 147 区分两者的方法

惯性会使煮熟的鸡蛋转至其起始位置，而后绳子又向相反方向多转了几圈，紧接着绳子再次松开，鸡蛋又转了几圈。这个过程持续一段时间，随着扭转的次数逐渐减少，直到最后鸡蛋停下来。而另一边的 生鸡蛋则不会转过其初始的位置。它最多只会再转动一两圈，比煮熟鸡蛋停下来的时间 早多了[①]。就像我们提到过的那样，这是由于其内部液体阻碍了它的转动。

① 熟鸡蛋运动主要是受空气阻力影响，而生鸡蛋运动除了外部空气阻力影响，还有内部液体的阻碍。

提问

准备三个鸡蛋，分别煮 2 分钟、5 分钟和 10 分钟，然后试着转动它们，观察它们的转动情况，看看有什么不同的地方。

图 148 熟度不同的鸡蛋

陀螺

打开一把雨伞，将它倒着放在地上，然后转动雨伞的手柄。你不需要使多大的力气就能让伞转得相当快。现在丢一个小球或一个皱巴巴的纸团到伞里。但它不会待在伞内太久，它会被称为**离心力**的作用力给甩出来，其实真正在作用的并不是离心力，而是惯性。它被甩出来时，并不会沿着伞半径的方向，而是沿着**圆周运动的切线方向***。

图 149 公园里的游乐设施

在公园里，你们可能玩过这样一种娱乐设施，如图 149。在里面你可以亲自体验到惯性的力量。

这种设施就像是带有圆形地板的大型陀螺，人们在上面可以站、坐或者躺。一个隐藏的马达会带动圆盘旋转，一开始圆盘旋转的速度会比较慢，之后速度会渐渐加快，直到惯性把里面的每个人甩到设施的边缘上。一开始的时候你可能不太注意，但是你会离中心越来越远，速度增加很快。即使你很努力地想要坚持住，但无济于事，最后你还是被甩出去了。事实上地球本身就可以被看作一个巨大的陀螺。虽然它不会把我们甩出去，但它确实会减轻我们的重量。

如果你到了自转速度最快的赤道那里，那里可以帮你"减掉"你体重的三百分之一。再考虑到地球的压缩效应，那么你在赤道的重量可以减掉大约 0.5%，也就是两百分之一。因此，一个成年人（约 50 千克）在赤道的体重将比他在两极的体重轻 250 克左右。

拓展延伸

地球的压缩效应

实际上由于地球自转的作用，地球并不是一个完美的球形，而是赤道周围略有凸起，两极有些被压扁的"扁球形"。站在赤道上的人到地球中心的距离比站在南北极上的人多出了 13 千米。就好比用手往下压气球一样，赤道上受到由内部向外的力，物体重量减小；两极受到由外部向内的压力，物体重量增加。

图 150 地球压缩效应示意图

离心力：

一种惯性的表现形式，它的作用会使旋转的物体远离其旋转的中心。链球运动员就是利用了离心力将球甩出去的。

图 151 链球

提问

同一个物体，在两极和赤道附近，哪一个地方要稍重一些？如果这个物体在两极称是 8 千克，那么在赤道称的话，应该为多少千克？

墨水旋风

你可以试着制作一个手转陀螺，按照如图 152 所示的实物大小，从白纸板上剪一个圆形出来，再把它和一根削尖的火柴组合在一起。不需要任何的技巧你就可以让它转起来。虽然它看起来只是个普通的玩具，实际上它很有启发性。

接下来请按我说的来试试。在纸板上滴几滴墨水，在墨水干掉之前让陀螺转起来。当它停下时，看看发生了什么。墨水在纸板上描出了一些**螺纹**——就像微型旋风一样。

图 152 陀螺上的墨水旋风

顺便说一句，这种相似并非偶然。陀螺上的墨滴随着旋转画出的图案，就和你在公园里的圆盘上所经历的完全一样。墨滴由于离心力的作用，在**半径方向**上会远离陀螺中心，同时陀螺上的各点旋转的速度都要比墨滴自身旋转的速度快，越向外运动，旋转速度越大，墨滴在陀螺旋转的**切线方向***上也会发生移动，因此墨滴无法沿着陀螺的径向直线滑出，而是一条弯曲的轨迹。

你看，既要沿径向往外走，又要沿切向往前走，这就是墨滴沿着**曲线轨迹**①*运动的原因。你可以想象一下，斜向上抛一颗球，球既要向上运动，又要水平向前运动，你看到的是不是一条曲线呢？

① 在半径方向和切线方向都会运动，曲线轨迹是两个方向合运动的结果。

换个角度思考一下，当陀螺旋转的时候，仿佛纸片是从墨滴下面穿了过去，跑到了墨滴的前面。于是，墨滴好像在圆形纸片的后面跟着它跑似的，所以墨滴的运行轨迹才是弯曲的。

空气从中心气压高的地方流向四周气压低的地方，就会形成"反气旋"，反之，从四周气压高的地方流向中心气压低的地方，就会形成"气旋"。实验中墨水滴形成的曲线，其实就是一个小旋风。图153是在北半球看到的气旋和反气旋示意图，要注意，在南半球看到的旋转方向正好**相反**。

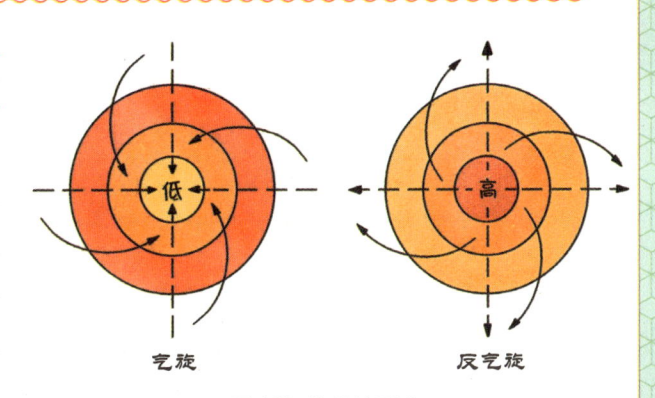

图153 旋风的形成

提问

图152所示的墨水螺纹，如果表示旋风的话，请问是属于气旋还是反气旋？旋风发生在南半球还是北半球呢？

图154 旋风

被欺骗的植物

由高速旋转产生的离心力甚至可能胜过重力，这一点早在一百多年前就被英国植物学家奈特论证过了。

众所周知，幼苗的主干部分是对抗着重力生长的，说白了就是向上生长的。而根是向着重力的方向生长的。

图 155 植物学家奈特

奈特能够让在快速旋转的轮子上生长的种子沿着轮子的轴向内①发芽。但根却是朝外生长的。

①离心力代替引力，离心力是沿轴向外的。

图 156 反向生长的植物

拓展延伸

生长素对根的影响

植物的生长会受到重力的影响，植物体内会产生一种叫作生长素的物质，根的生长与植物体内的生长素有着密切联系。生长素含量少时可促进根生长，生长素多时则抑制根生长。不同的植物或同一植物的不同器官，对生长素的浓度反应都有差异。一般根对生长素的敏感程度要比芽大得多，茎最不敏感。所以，根对生长素所要求的最适浓度要比其他部位低得多。

图157 植物的根向下生长

综上所述，根之所以向着重力的方向生长是因为生长素在植物体内的分布与重力有关。

提问

请根据生长素浓度对根的影响解释图158中植物的根为什么是朝外生长的？

提示：判断生长素浓度什么位置高。

图158 逆向生长的根

101

永动机

"永动机"是一个常被人提起的话题，但我想并不是所有人都明白它到底是什么意思。"永动机"指的是一种假想中的机械装置，它可以<mark>永不停止地运动</mark>，同时还能做一些有用的工作，比如说举起重物之类的。尽管自古以来人们就不断尝试造出这么一个装置，但从未成功过。这样的徒劳无功使人们更加坚信了造出"永动机"是一项不可能完成的任务。在此基础上，科学家们提出了一条现代科学的基础定律——能量守恒定律。"永动"只有在<mark>不对外做功</mark>的情况下才有可能实现。

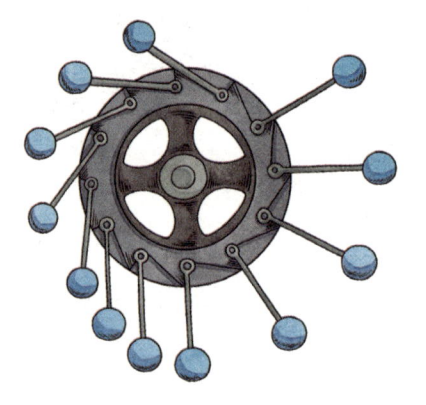

图 159 中世纪对永动机的构想

① 这里说的重量指的是转矩，即力和力到中心距离的乘积。

> 附着在轮子边缘上的杆末端带有重物。无论轮子转到什么位置上，轮子右边的重物和左边比起来总是距离中心更远，所以右侧的**重量**①应始终超过左侧，从而迫使轮子转动。因此轮子应该能够永远旋转下去，至少能转到它的轴被磨损了为止。

图 159 描绘的就是最古老的永动机模型之一，现在仍有人在尝试重现这个装置。无论如何，这是当时发明者的想法。但奉劝一句，还是不要费力去制造这样的器械，它甚至都不会转起来，这是为什么呢？

尽管右侧的配重总是离中心较远，但你再仔细看一下图 159，你就会发现右边重物的数量**少于**左边的数量。右边只有 4 个重物而左边有 8 个。轮子整体还是保持在平衡的状态，因此它转不起来。它最多只会摆动一下，然后停在某个位置。注意，决定轮子转动的是转矩，而不是配重。

图 160 普希金纪念碑

事实证明，把"永动机"当作能源来使用是绝对不可能的，做这个任务完全就是在做无用功。但是在古代，尤其是中世纪时期的炼金术士，绞尽脑汁想要解决这个问题，认为它比"点金石"还要诱人。19 世纪著名的俄罗斯诗人普希金笔下描写了这样一位幻想家，他叫贝托尔德。

这位幻想家对"永动机"情有独钟，里面有这样一段对话：

"什么是永动机？"马丁问道。

"永动机，"贝托尔德回答说，"也就是永不停止的运动。如果我能找到这么一台器械，那么人类的创造性将变得无限。我亲爱的马丁，虽然制造黄金非常令人着迷，既有趣又可获利，但永动机的发现……啊，那该有多么美妙！如果我可以做到永恒运动，就可以无所不能了，炼制黄金又算什么呢！"

数以百计的"永动机"曾被发明出来，却没有一台能成功运转起来。每个发明家都不可避免地遗漏了一些会扰乱计划的事项。

就和图 159 中的轮子转不起来的道理一样。在洛杉矶有人建造了一个有着同款设计的巨大轮子，如图 161，用来给一家咖啡馆打广告。但它实际上是假的永动机，真正让它转起来的机关被巧妙地藏起来了，尽管人们都认为它真的是由滚动的钢球带动起来旋转的。还有其他类似的假冒"永动机"，基本上都是由电力驱动的，它们经常被放在钟表店的橱窗里，用来吸引路人的眼光。

有趣的是，这种广告曾给我的学生留下了深刻的印象，以至于当我告诉他们永动机是不可能实现的时侯，他们完全不相信我说的话。他们坚信眼见为实，因此当我的学生看到滚动的珠子带动轮子旋转时，这似乎比我说过的任何话都更有说服力。我告诉过他们，这些"神奇"器械是由电力驱动的，仍旧无济于事。然后我想起来这个星期天将要全面停电，所以我告诉了我的学生星期天去商店里转转。

"你们看到永动机动了吗？"我后来问他们。

"没有。"他们低着头回答，"它被一张报纸盖住了。"

至此他们对**能量守恒定律**②*重拾了信心，并且再也没有怀疑过它。

②能量在转化或转移过程中，总量保持不变。

图 161 假的永动机

这个假想的"永动机"由一个圆轮和钢珠组成，其中钢珠在圆轮中的每个小隔间中来回滚动。这个想法源于靠近轮子一侧外缘的球会利用自身的重量来迫使轮子转动。

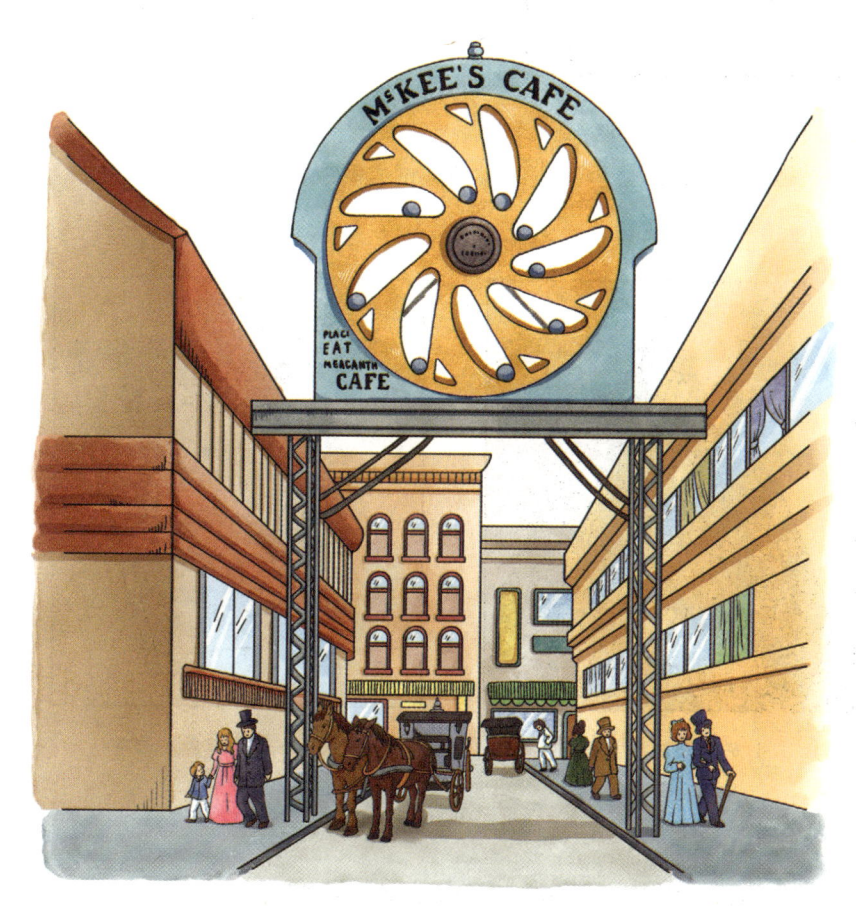

图 162 咖啡店的伪永动机招牌

提问

什么是永动机？请概述。

图 163 永动机木雕结构图

故障

许多自学成才的俄罗斯发明家都尝试去解决"永动机"这个令人着迷的问题，但都没有成功。

图 164 萨尔蒂科夫·谢德林图

图 165 《现代牧歌》封面

其中有一位西伯利亚农民叫亚历山大·谢格洛夫，以"伯格·普列森托夫"为名被19世纪俄国著名的讽刺作家萨尔蒂科夫·谢德林写进《现代牧歌》中。

在小说中，普列森托夫是一名热衷发明创造的小市民，以下是作者描述的一次参观这位发明家的工作室的经历：

伯格·普列森托夫的年龄在35岁左右，他面容憔悴，有一双忧郁的眼睛，长发垂到脖子上。他宽敞的小屋中有一半都被一个大大的飞轮占据了，我们只能勉强挤进去。轮子带有辐条并且外缘用木板钉起来了，就像一个盒子。"盒子中间是空的，装着某种机械装置，这是这位发明者的秘密。但其实也并没有什么特别巧妙的地方，只不过是几袋用于保持平衡的沙子而已，辐条上还斜插着一根棍子，用来保持轮子静止。

图 166 小屋中的巨大飞轮

> 这里抛出几个问题，大家可以想一想。如果把插在辐条间的棍子拿走，飞轮能转动吗？即使飞轮能转动，那么它能一直转动下去吗？假设它能一直转动，谁来补充在转动过程中它损耗的能量？

"我们听说你在尝试制作永动机，这是真的吗？"我开口问道。

"我真的不知道该怎么解释，"他困惑地回答道，"我想我已经做出来了。"

"我们能看看吗？"

"当然！我会很高兴的。"

他带我们走到了轮子前,然后又带我们绕到了另一边。不管从哪边看,它都是一个轮子。

"它成功转起来了吗?"

"嗯,是的。但它有些反复无常。"

"你能把棍子取下来吗?"

普列森托夫把棍子拿了下来,但轮子仍旧静止不动。

"它又开始闹脾气了!"他重复道,"它需要外力来推动它。"

图 167 手动使轮子转动

发明家双手抓住了轮子的外缘,来回摆动了几下,然后用力一推,轮子开始转动了,又快又平稳地转了好几圈,我们还能听到沙袋在里面来回滑动撞在木板上的声音。然后轮子开始转得越来越慢,紧接着我们听到了一阵刮擦声和嘎吱嘎吱的声响,最后轮子完全停了下来。

沙子与轮子之间摩擦

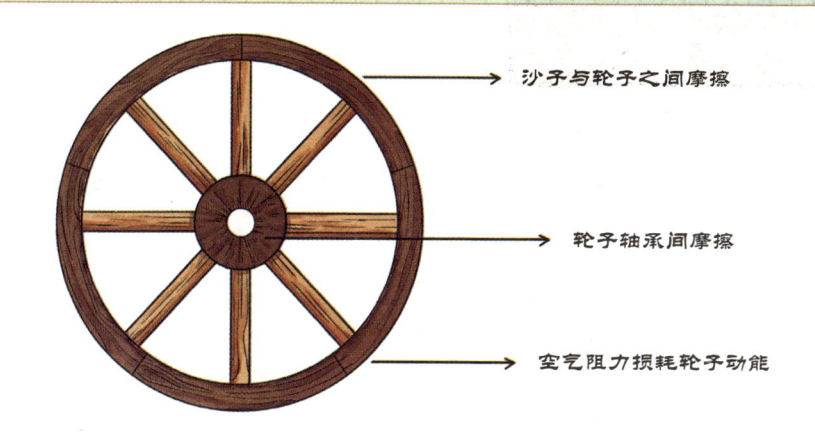

轮子轴承间摩擦

空气阻力损耗轮子动能

图168 能量损耗使轮子停下来

"肯定是哪里出故障了。"发明家恼火地说道，然后他又再一次推动了轮子，但这次仍是一样的结果。

"或许你忘了摩擦力的作用？"

"我没有……你说摩擦力？并不是因为这个。摩擦力的作用根本不算什么，有时候这个轮子脾气好了它就会多转转，脾气不好的时候它就这样。如果这个轮子不是用这样的废料做成的就好了！"

这当然不是单纯的一个"故障"或者制作材料的问题，而是根本原理就被弄错了。轮子能转很长时间是因为发明者一开始对它施加的推力作用，但轮子注定会停下来是因为摩擦力会损耗掉它所有的动能*。

提问

永动机为什么无法制作出来？

109

都是球在工作

俄罗斯作家卡罗宁在他的故事《永动》中描述了另一位来自俄罗斯的永动机发明家。发明家叫拉夫伦蒂·戈尔德列夫，一位来自彼尔姆省的农民，于1884年去世。卡罗宁在故事中将这位发明家的名字改成了皮赫金，在故事中他对这台机器做了非常详尽的描述。

摆在我们面前的是一台奇怪的巨大机器，第一眼看上去就像铁匠用来给马儿钉蹄铁的工具。我们可以看到一些被刨得很粗糙的木柱和横梁，以及一整套的飞轮和齿轮。这一切看起来都十分笨拙、粗糙且丑陋。有几个铁球正躺在机器下方的地板上，旁边还放了一大堆。

图169 装置示意图

大家看这套装置示意图，知道怎么让齿轮转动了吗？问题的关键在于铁球，将铁球在槽中滚动的动能传递给齿轮，齿轮就能转动了。

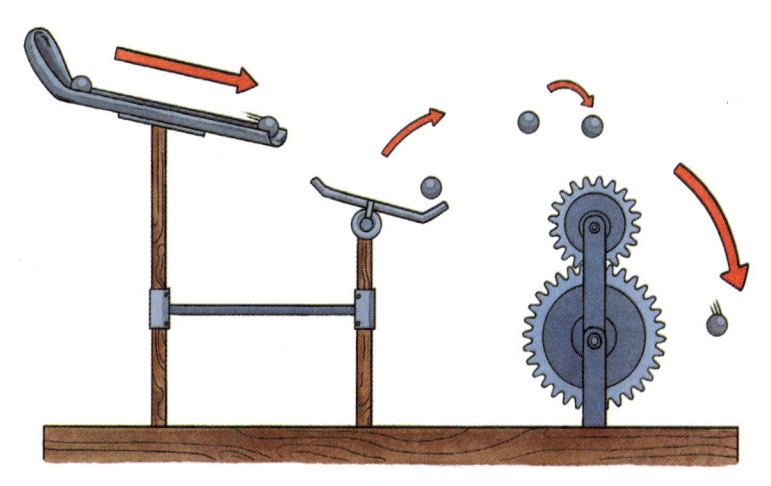

图 170 装置开始工作示意图

"就是这个吗？"管家问道。

"就是这个。"

"好吧，那它能转起来了吗？"

"当然"

"你要用一匹马来拉着它转起来吗？"

"马？用来做什么？它自己会动。"皮赫金开始演示起了这台怪物是怎么工作的。

"起关键作用的是旁边堆着的这些铁球。"

"主要是这些球在工作。看，它先放到这个勺子里，然后像闪电一样沿着那个凹槽快速飞过。接着它被另一个勺子抛起来，快速飞向那个轮子后，猛地推动轮子，以至于它会嘎吱呻吟起来。与此同时，另一个球也开始沿同样的轨迹运动。它从这里滚进凹槽并又击中那个勺子，然后跳到轮子上再次推动轮子！它就是这样运作的。下面，我再演示一遍。"

111

皮赫金来回奔跑，草草地收拾了下散落的铁球。最后，他在他的脚边把球堆成一堆后，他捡起一颗，用全力将它扔向轮子上距离最近的一个勺子。然后他迅速地拿起第二个球，第三个球。机器发出的噪音简直难以想象。铁球与铁勺的敲击发出的叮当声，混合着轮子发出了嘎吱声及柱子发出的呻吟声，让这个阴暗的地方充满了地狱般的喧闹。

图 171 发明家来回奔跑并收拾铁球

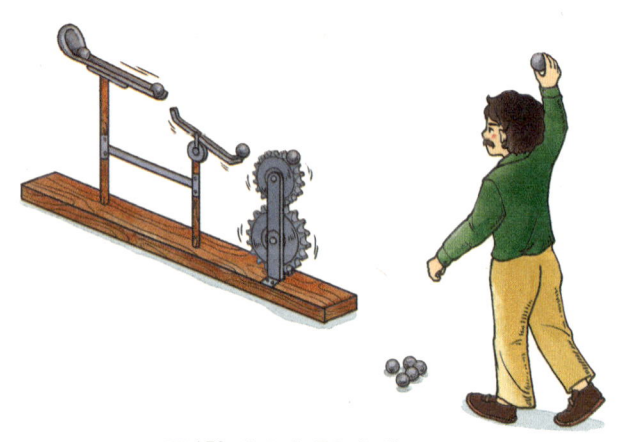

图 172 发明家手动抛球

卡罗宁声称戈尔德列夫的机器能够成功运转，但这显然是个误会。轮子只有在球下落时才会转动，其消耗的是铁球被举起时积累的**势能**①*，这与钟摆的运动很相似。然而，它不可能转太久，因为当所有铁球重击在勺子上并随后再次落回地板时，它就会停下来。

①这里指重力势能，物体由于被举高而具有的能量。

图 173 钟摆

后来戈尔德列夫在叶卡捷琳堡的一个展览会展示了他的"永动机"，他在那里看到了真正的工业机器，从此他对他的发明感到失望。当被问到他的"永动机"时，他沮丧地回答："见鬼去吧！让他们把它砍碎了当柴火烧吧！"

提问

我们知道钟摆摆动的幅度会越来越小，你知道这是为什么吗？

图 174 钟摆摆动的幅度越来越小

一个奇迹，但又不完全是

对"永动机"徒劳地探索已经给许多人的生活蒙上了阴影。我曾经认识一个工厂工人，因为"永动机"陷入穷困潦倒之中，他把他所有的收入和存款都投入到他可以制造一台"永动机"的妄想中。如今衣衫褴褛又饥肠辘辘的他，只要遇到一个人就会祈求对方施舍他一些资金，好让他完成他的"最终模型"。看到这个因为对物理学的无知而遭受如此多苦难的人，实在让人感到莫大的惋惜。

图175 荷兰科学家西蒙·斯蒂文

虽然寻找"永动机"这项任务总是以失败告终，但在这个过程中除了能深刻地意识到它的不可能实现，也能有其他巨大价值的发现。

16世纪末到17世纪初，杰出的荷兰科学家西蒙·斯蒂文建立了**斜面上力的平衡定律***，就是一个很好的例子。他的许多重大发现理应让他享有比现在更大的声誉。小数计数方法的提出，代数中分母的引入，以及流体静力学定律的建立，后来帕斯卡又重新验证了该定律。

斯蒂文在物理学上主要有三项贡献：

其一，在力学方面解决了斜面上物体的平衡问题，接下来我会详细说。

其二，早在1586年，他和德·格罗特做了落体实验，否定亚里士多德重物体比轻物体落得快的理论，这要早于伽利略的实验。

其三，他还研究了滑轮组的平衡和流体静力学的问题，使自阿基米德以来几乎停滞的静力学发展起来。

斯蒂文提出斜面上力的平衡定律时，并没有用到平行四边形法则。他用图176所示的模型证明了这条定律。

> 一串由 14 个相同的球体组成的链条围绕着一个三棱柱滑动。你可以看出来，底部下垂的几个球体呈现出了花环的形状并处于平衡状态。

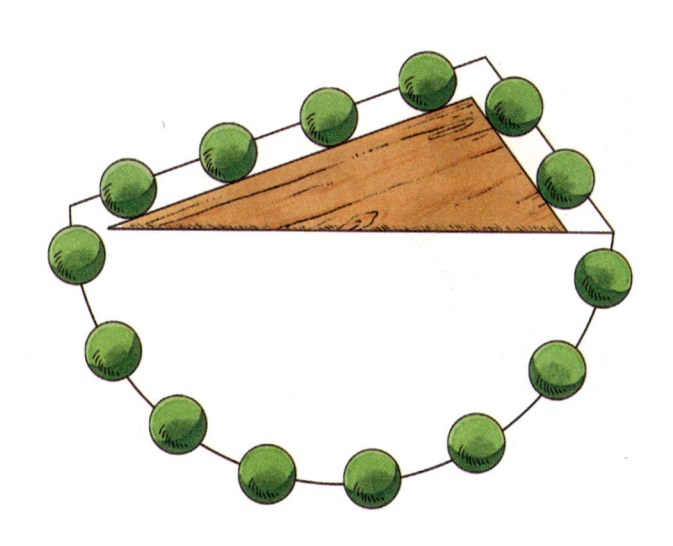

图 176 力的平衡定律验证模型

但是左侧斜面和右侧斜面上的球体能相互平衡吗？换句话说，右边的两个球体是否和左边的四个球体"势均力敌"呢？

答案是肯定的。否则链条将一直从右向左滚动下去，永远都无法保持平衡。但我们知道，以这种方式放置的链条根本不会自行移动。很明显，右侧的两个球体确实是与左侧的四个球体保持平衡的。

这就像是一个小小的奇迹，难道不是吗？两个球体的拉力能与四个球体的拉力相同！这使得斯蒂文推导出了一条重要的力学定律，过程如下：

> 左右两侧的球体具有不同的重量，一边比另一边重上许多，而且棱柱有一边更长。就结果来看，两个相连的物体放到两个斜面上，只要它们的重量与两个斜面的长度成正比就能保持平衡*。

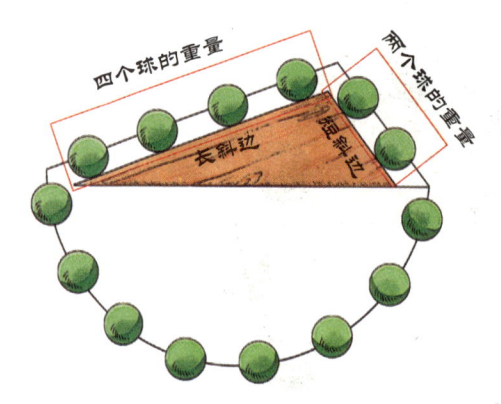

$$\frac{四个球的重量}{两个球的重量} = \frac{长斜边长度}{短斜边长度}$$

图 177 力的平衡定律

如果将较短的那个平面变为竖直的平面，我们就能得到一个著名的力学定律：

> 将物体固定在倾斜的平面上，我们须沿斜面方向施加一个拉力，拉力的大小与物体重量之比等于斜面的高度与长度之比*。

图 178 特殊斜面下力的平衡定律验证模型

由此可见，"永动机"不可能实现的理念也能引出其他领域的重要发现。

拓展延伸

自循环水壶

到了17世纪，波义耳，就是那个提出了"波义耳定律"的物理学家，提出了"自循环水壶"的设想。他设计了一个水壶，底部接有一根细细长长的管子通向水壶的上方，由于毛细作用①，液体会被细管吸引，克服自身重力沿着管壁上爬，最终流回壶中，形成"永动"。然而也是由于毛细作用，细管中的液体最终无法从管中流出。自循环水壶的永动机模型也失败了。

图179 自循环水壶示意图

①将细小的玻璃管插入水中，水会在管中上升到一定高度才停止。

水不流出来的原因是液体表面都有张力，张力是沿着表面收缩的，这个弧形的水面就具备一个斜向上的表面张力，这个表面张力会把液面向上拉。但是如果液面上升到固体顶端时，一旦液面的弧度减小，那么向上的张力也会减小，张力会减小至与重力平衡，所以靠张力是不会让液体流出的。

图180 水最终不流出来

提问

如图181，写出特殊斜面下力的平衡定律表达式，可参考图177。

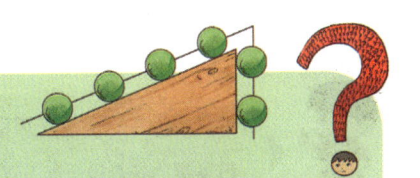

图181 特殊斜面下的平衡方程

更多永动机

按照如图 182 所示的样子在轮子周围安装重型链条，可以看出无论链条转到了什么位置，右侧的链条总是比左侧的长。发明者认为，因为右侧的链条更长，所以总是比左侧的链条重，从而能使整个装置运行起来。但真的会如所想的这样发生吗？当然不会。现在你已经知道了，链条较重的部分可以与较轻的部分相互平衡，因为两部分的**受力方向不同**。

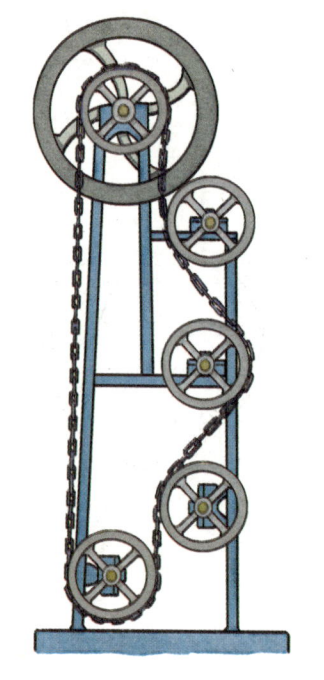

图 182 另一种永动机示意图

在这个特殊的系统中，左侧的链条竖直向下，而右侧的部分是倾斜的。所以，右侧的链条虽然更重，但还是拉不动左侧部分，所以永远达不到"永动"的效果。

究其原因，右侧轮子对链条有向上的支持力，使得右侧链条看上去要轻一些，这样才能和左侧链条互相平衡。

图 183 巴黎世博会展览现场

1867年，巴黎博览会上展出过我认为有史以来最巧妙的关于"永动机"的设计。它由一个大轮子构成，球在其隔槽内滚动。发明者声称没有人能够让轮子停下来。许多参观者试图阻止它转动，但他们的手一旦离开它，它又会继续转动。其实没有一个人意识到，正是因为他们这番想让轮子停下来的尝试，才使得轮子保持转动。人们为了让它停下来，对它施加的反向的推力，反而将其中被巧妙藏起来的装置上的发条上紧了。

提问

如图184，左右两侧的链条互相平衡，谁也拉不动谁，现在如果想打破平衡，让右侧的链条能拉动左侧的链条，你有什么办法吗？

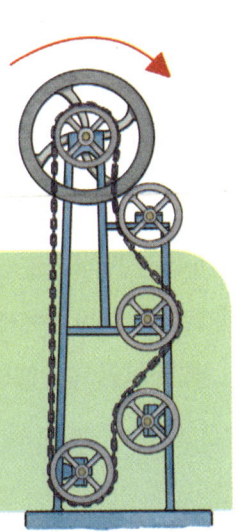

图 184 永动机转起来

彼得大帝也想收藏的永动机

俄罗斯的彼得大帝在 1715 年至 1722 年之间的一沓厚厚的信件现在仍完好保存在档案中，从中我们得知，当时的他想购买一台由德国议员奥尔菲留斯设计的"永动机"。这位发明者就因为这台会自动旋转的轮子而闻名全国，他最后同意以高价将其卖给沙皇。正巧当时一名叫作舒马赫的图书管理员被沙皇派往西欧去收集奇珍异宝，他便与奥尔菲留斯进行了协商，当再次见到彼得大帝时，他做了如下报告："发明者最后的价格是十万**塔勒**[①]，若能支付，您就能得到这台机器。"

至于机器，据舒马赫所说，发明者声称它绝不是假货并且任何人不能诽谤他的发明，"除非出于恶意，而这个世界充满了不可信的恶意之人"。

[①]"塔勒"或被译为"泰勒"，是一种从 15 世纪中期到 19 世纪中下期被广泛使用的极其重要的欧洲银币。

1725 年 1 月，彼得大帝决定亲自去德国看看这台远近闻名的"永动机"，但他还没来得及动身就去世了。

那么这位神秘的议员奥尔菲留斯到底是谁，以及他著名的"机器"到底是什么样的呢？

奥尔菲留斯的真名叫贝斯勒，他于 1680 年出生在德国。在研究"永动机"之前，他还学习了神学、医学和绘画。在成千上万试图发明这种机器的人当中，他可能是其中最著名的一位，而且也是最幸运的一位。直到 1745 年去世之前，他都靠着展示他的发明获得的不菲收入一直过着不错的生活。

图 185 所示就是在一本旧书中描绘的奥尔菲留斯在 1714 年展示出来的"永动机"的样子。图中的大轮子,不仅可以自行转动,甚至可以将重物提起来。

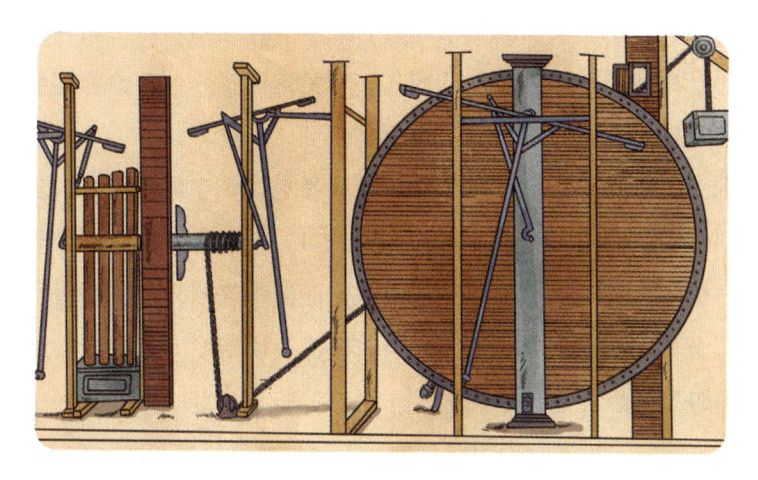

图 185 奥尔菲留斯的自动轮

这位博学的议员在各地市场展览会上展出自己的发明,以至这台神奇机器的名声迅速传遍了德国。很快,奥尔菲留斯就获得了实力雄厚的资助者的赞助。波兰国王对他的发明很感兴趣,随后黑森-卡塞尔伯国的领主也赞助了这位发明家,并将他的城堡交给奥尔菲留斯使用,让其在里面对机器进行了各种试验。

1717 年 11 月 12 日,这台机器被放置在一个完全分开的房间里开始运转。房间上了锁,外面还有两名士兵看守。整整两周,没有任何人靠近这个房间,直到 11 月 26 日房间解锁。

伯爵和他的随从进去查看,车轮仍在旋转并且丝毫没有减速。他们将轮子停下来,对其进行了仔细地检查,然后再次将它启动。这一次房间被锁上,门外再次派了士兵看守。1718 年 1 月 4 日,由几名专家组成的委员会进入了房间,发现轮子还在转。但这还没有让领主满意,他又进行了第三次试验,这次他将时间延长到两个月。当他发现轮子还在运转时，他非常高兴。随即授予了这位发明家一张用羊皮纸书写的证明，证明他的"永动机"每分钟可以转 50 **转**，还可以将 16 千克的重物举到 1.5 米的高度，甚至可以驱动研磨机和风箱。奥尔菲留斯带着这份文件走遍了整个欧洲，并且获得了一笔可观的收入，毕竟这可是一台曾给彼得大帝报价 10 万塔勒以上的机器。

这位议员的神奇事迹很快就被传开了，最后传到了彼得大帝的耳中，彼得大帝对于各种奇思妙想都很痴迷。早在 1715 年出国旅行时，他就注意到了这台机器，并委托了著名的外交官奥斯捷尔曼对其进行检查。尽管这位外交官没有亲眼看到这台机器，但他还是很快就发回了一份详尽的报告。沙皇当时甚至想邀请奥尔菲留斯作为一名著名的发明家到宫廷任职，并派出了当时著名的哲学家克里斯蒂安·沃尔夫跟奥尔菲留斯进行洽谈。

图 186 奥尔菲留斯的自动轮的秘密

有一篇针对他的讽刺文章还画了这么一幅图，如图 186 所示，为这个谜团给出了一个相当简单的解释——有一个人藏在里面，拉动一根缠绕在轮轴上的绳子。

这个骗局是在偶然间被揭露的，因为议员与他的妻子及女仆发生了争执，而她们都已经了解了其中机密，否则我们现在仍会被蒙在鼓里。看来这台臭名昭著的机器确实是由一个藏起来的人——可能是奥尔菲留斯的兄弟或者女仆——拉着一根细绳让轮子保持转动的。但这位议员并不承认他的永动机有任何问题，甚至在临终前仍坚称是他的妻子和女仆恶意诽谤他，然而人们对他的信任已经破灭了。难怪他会向沙皇的使者舒马赫灌输人们都是充满恶意的观点。

　　大约在同时，德国还住着另一名著名的"永动机"发明家叫作赫特纳。舒马赫是这样描述他的发明的：

> "我在德累斯顿看到赫特纳先生的永动机，它由装满沙子的防水油布和一个类似于研磨机的机器组成，它可以自行向前或者向后转动，但是发明者说不能把它做得更大了。"

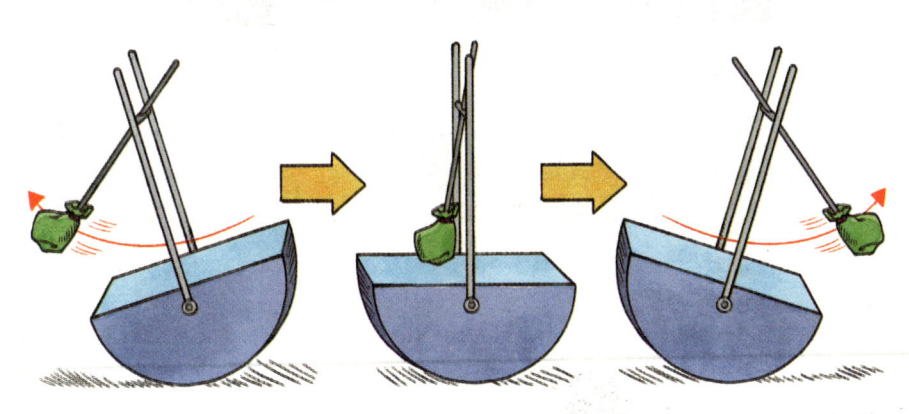

图 187 赫特纳发明的永动机示意图

　　毫无疑问，这台机器也不是什么永动机，充其量只是一种经过巧妙设计的装置，说不定也在后面藏了一个人，但绝不会是永动机。舒马赫在写给彼得大帝的信中说，法国和英国学者都在嘲笑这些永动机是违背了数学原理的，不得不说舒马赫是对的。

拓展延伸

饮水鸟

这个小玩具叫作"饮水鸟",相传最早是中国古代的一种玩具,最后一次公开出现是在 20 世纪 30 年代的一本国外科普读物上,之后就销声匿迹了。曾有人将这个小玩具送给了爱因斯坦,爱因斯坦连连称奇,它从此有了个霸气的称号——"爱因斯坦也震惊的玩具"。我们知道"永动机"是不可能被发明出来的,那这个"永动"的饮水鸟是怎么回事?

图 188 "饮水鸟"示意图

饮水鸟之所以可以保持饮水,是因为它很巧妙地利用了环境温度、水的温度和液体挥发,在别的"永动机"都需要通过吸收能量维持运作的时候,饮水鸟则是放热,所以饮水鸟其实不是"永动机",而是个"放热机"。

提问

我们已经知道"永动机"是不可能实现的,这一章我们介绍了很多无法"永动"的"永动机",请你总结一下,它们通常是在哪方面"做文章"才实现了所谓的"永动"?

本章科学小实验

瓶子赛跑

装有沙子和装有水的两个同等重量的瓶子从一个高度滚下来，猜一猜谁会先到达终点？提示一下，可以类比本章讲到过的生鸡蛋和煮熟鸡蛋的区别！好了，下面一起跟随本实验的步骤，来验证你的猜想吧！

【实验道具】

两个相同的瓶子、沙子、水、木板一块、一本厚书

【操作步骤】

（1）用长方形木板和书搭成一个斜坡。

（2）将相同重量的水和沙子分别倒入两个瓶子中，如图189所示。

（3）把两只瓶子放在木板上，在同一起始高度让两只瓶子同时静止向下滚动，如图190所示。

（4）可以看到装水的瓶子比装沙子的瓶子提前到达终点。

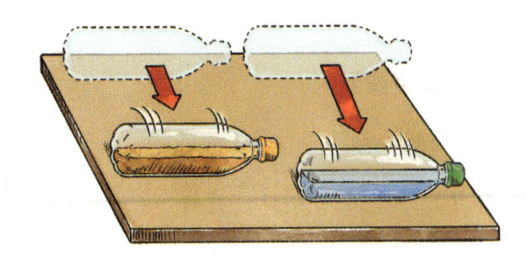

图189 瓶子中装有相同重量的水和沙子

图190 两个瓶子从木板同一高度静止释放

【科学原理】

沙子对瓶子内壁的摩擦比水对瓶子内壁的摩擦要大得多，而且沙子之间还会有摩擦，因此它的下滑速度比装水的瓶子要慢。

旋转纸灯

大家也许知道风车转动是因为有风，但你们知道风是从何而来？怎么能制造出风吗？今天的科学小实验就带大家观察风形成的原理，并且我们将利用这个原理一起做个旋转的"纸杯旋转灯"，快来看看是怎么办到的吧！

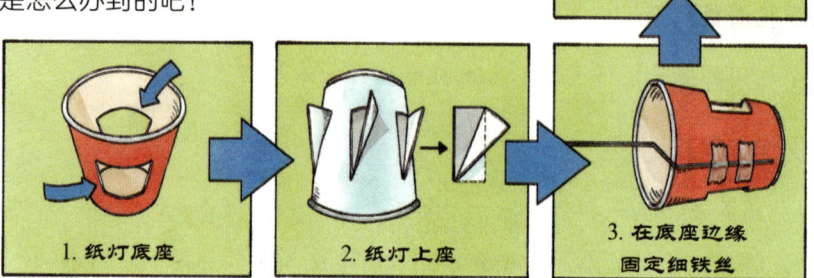

图191 纸杯旋转灯的制作步骤

【实验道具】

两个纸杯、一根蜡烛、一根细铁丝、剪刀、打火机

【操作步骤】

（1）取一纸杯，在杯身对称处各剪开一个方形大口，在杯底固定上蜡烛，作为灯的底座。

（2）另一个纸杯则在杯身上等距离位置剪出5~8个长方形的扇叶，作为灯的上座。

（3）在底座边缘固定一根细铁丝，目的是撑起纸灯上座。

（4）点燃蜡烛，并把两个杯子对扣好，上面的纸杯就逆时针旋转起来了。改变扇叶的方向，还可以顺时针旋转，可以自己试一试哦。

【科学原理】

蜡烛点燃后会<u>加热</u>周围的空气，热空气比冷空气的密度小，因而热空气通常会浮在上方，向上流动，而上方冷空气下降，从而使得空气流动，空气流动便形成了风，当风沿着上方纸杯的扇叶口流动，便会造成旋转的现象。

参考答案

第一章提问

第 5 页

【解答】第一宇宙速度指物体在地球表面附近做圆周运动的速度，是最大的环绕地球的速度了。天宫空间站运行的轨道明显离地表有一定的距离，首先受到的地球引力相比在地表附近是减小了，其次就是运行速度小于第一宇宙速度。

第 7 页

【解答】飞机应该是伦敦时间晚上 9 点从北京出发的，也就是北京时间早上 5 点。

第 11 页

【解答】根据公式 $s=\frac{1}{2}gt^2$ 可知，十分之一秒内下落的距离 5 厘米。

第 13 页

【解答】帧率是 240 fps，也就是每秒能拍下 240 个图像，那么一个图像就约是 4.16 毫秒的画面。

第 15 页

【解答】看图可知，靠近太阳时，太阳直射南半球，故北半球为冬天，气温低；远离太阳时，太阳直射北半球，此时北半球为夏天。

第 17 页

【解答】轮顶的速度是车子平移速度与旋转速度相加，轮底则是二者相减，因此轮顶的速度大于轮底，看起来就会模糊一些。

第 19 页

【解答】这些点的角速度是相同的，根据线速度与角速度的关系可知，距离越大，线速度越大。D点的线速度最大，故D点向后移动的趋势最明显。

第 22 页

【解答】划艇有向右的速度矢量，帆船上的人看划艇是有和自己速度方向相反的速度矢量的，这样根据平行四边形合成后，帆船上的人以为划艇在驶向N点。

第二章提问

第 31 页

【解答】在甜甜圈中间空的部分的正中心处。

第 35 页

【解答】跑步5千米和步行5千米消耗的热量不一样，跑步消耗的能量多，一般跑步5千米消耗的热量需要步行三个小时才能达到。

跑步是属于一种较为激烈的运动，可以很好地锻炼心肺功能，提高心脏的供氧能力。步行属于一种慢性有氧运动，可以很好地锻炼四肢协调能力，同时可以提高肌肉的耐受性。在能够达到良好的减肥功效的同时，又不会对膝盖产生较大的损伤，也是一种比较健康的运动方式。

第 39 页

【解答】当车启动时，如果你没扶稳，你会向后仰。原因是车启动时，人身体由于惯性还保持静止，但双腿所站立的车厢已开始向前运动，所以人将后仰。

第 41 页

【解答】在水平方向徒手接炮弹是不可能的。炮弹运动具有的能量，远超人手的负荷，人不可能在水平方向徒手接炮弹。

第 45 页

【解答】 如果想防止被鸟撞击可以用声音驱散，比如模仿野猫的叫声或者一些走兽的叫声把鸟吓走；当然也可以降低飞机飞行的速度。

第 49 页

【解答】 此时物体受到的引力为原来的 $\frac{1}{4^2}=\frac{1}{16}$，则此时物体的重量为 $\frac{1000 \text{ 克}}{16}$ =62.5 克。

第 53 页

【解答】 物体加速上升时，物体的重量会增大，这相当于物体底部有个向上的力在托着物体运动，同样的，物体对底面的压力也变大了。

第 57 页

【解答】 1 秒发射的水平距离：

$(AB)^2=(1737000.8)^2-(1737000)^2$

解得 AB 约等于 1667 米，所以在月球上以 1667 米/秒的速度水平发射的炮弹将永远不会再落回月球表面。

第 61 页

【解答】 航天员在太空通常用吸管喝水。

第 65 页

【解答】 本节介绍的两种方法都可以，只不过要测量两次。第一次测瓶和水的总重量，第二次测空瓶子的重量，最后相减就知道水的重量了。

第 67 页

【解答】 要记住，和"黄金法则"相反——你在力量上得到了多少，都会以延长相应的距离为代价。提起足跟的动作，克服自身较大的重力，动作的速度比较慢，和我们手臂提重物是不一样的。

129

第 69 页

【解答】躺在吊床上，人体的重量被平均分布在了一片很大的受力面积上，人会有柔软舒适的感觉。

第 72 页

【解答】书包背带做得较宽，可以用更大的受力面积分摊书包的重量，人不会感到吃力。如果用细绳的话，人的肩膀会吃不消。

第三章提问

第 77 页

【解答】最简单的方法就是减小弹头接触面，也就是用小一点的子弹，或者用锥形子弹。

第 81 页

【解答】并不是仰角越大越好，如果仰角太大，炮弹会射得很高，但是飞不远。

第 83 页

【解答】列车驶过时，人与列车之间空气流速快，压强小，人会被吸向列车，所以候车时要和列车保持一定的距离。

第 85 页

【解答】黑掌树蛙从一棵高树上飞跃而下，一次能"飞行"15 米；飞鱼滑翔的最远距离可达 400 多米。

第 87 页

【解答】纸团不会一直在空中加速，因为空气阻力的影响，纸团加速的时间不会超过一秒，之后一直匀速运动，所以速度会很小。

第 90 页

【解答】三个因素作用的结果：初始的投掷力、回旋镖自身的旋转、空气阻力。

第四章提问

第 95 页

【解答】煮 10 分钟的鸡蛋转动的时间最长，煮 2 分钟的鸡蛋转动的时间最短。

第 97 页

【解答】物体在两极最重，在赤道最轻，在赤道可以减掉大约两极物重的 0.5%。如果物体在两极称是 8 千克，那么在赤道就应该是 7.96 千克。

第 99 页

【解答】属于反气旋，发生在南半球。

第 101 页

【解答】受重力影响，植物生长素在轮子边缘位置处浓度较高。而生长素含量少时可促进根生长，所以根朝外生长。

第 105 页

【解答】永动机是一种不需要外界输入能量或者只需要一个初始能量就可以永远做功的机器。

第 109 页

【解答】自然界无论什么运动都会产生热，热向四周扩散，成为无用的能量。如果不补充能量，任何机器都将会停止运作。

第 113 页

【解答】 因为钟摆和空气之间发生摩擦,损耗了钟摆运动的能量,所以钟摆最终会停下来。

第 117 页

【解答】

$$\frac{四个球的重量}{两个球的重量} = \frac{斜边长度}{直角边长度}$$

第 119 页

【解答】 最简单的办法就是人为地在右侧对铁链施加一个竖直方向的拉力。

第 124 页

【解答】 通常是隐藏能量来源来欺骗大家的眼睛。